[西]安德烈斯·马丁·阿苏埃罗 著
佟美玲 译

如何进行压力与情绪管理

自我的重建

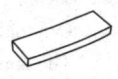

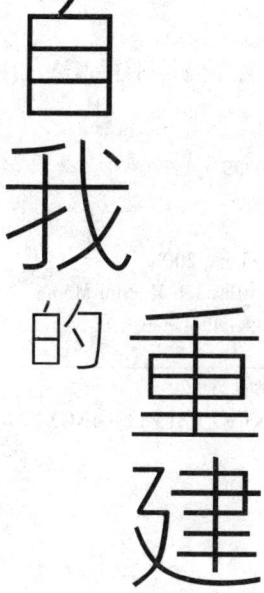

世界图书出版公司
北京·广州·上海·西安

版权登记号：01-2019-6686

图书在版编目（CIP）数据

自我的重建：如何进行压力与情绪管理 /（西）安德烈斯·马丁·阿苏埃罗著；佟美玲译 . —北京：世界图书出版有限公司北京分公司，2019.12（2023.4 重印）

书名原文：Con rumbo propio: Disfruta de la vida sin estrés

ISBN 978-7-5192-6797-1

Ⅰ.①自… Ⅱ.①安…②佟… Ⅲ.①压抑（心理学）–自我控制–研究②情绪–自我控制–研究 Ⅳ.① B842.6

中国版本图书馆 CIP 数据核字（2019）第 210239 号

©Andrés Martín Asuero，2008

Originally published by Plataforma Editorial, Barcelona, 2008

The simplified Chinese translation rights arranged through Rightol Media（本书中文简体版权经由锐拓传媒取得 Email:copyright@rightol.com）

书　　名	自我的重建：如何进行压力与情绪管理 ZIWO DE CHONGJIAN: RUHE JINXING YALI YU QINGXU GUANLI
著　　者	安德烈斯·马丁·阿苏埃罗
译　　者	佟美玲
责任编辑	尹天怡　刘虹
出版发行	世界图书出版有限公司北京分公司
地　　址	北京市东城区朝内大街 137 号
邮　　编	100010
电　　话	010-64038355（发行）　64037380（客服）　64033507（总编室）
网　　址	http://www.wpcbj.com.cn
邮　　箱	wpcbjst@vip.163.com
销　　售	各地新华书店
印　　刷	唐山富达印务有限公司
开　　本	880 mm × 1230 mm　1/32
印　　张	9
字　　数	160 千字
版　　次	2019 年 12 月第 1 版
印　　次	2023 年 4 月第 3 次印刷
国际书号	ISBN 978-7-5192-6797-1
定　　价	45.00 元

如有质量或印装问题，请拨打售后服务电话 010-82838515

谨以此书，
献给我的父母，谢谢你们给我提供的机会；
献给我的孩子——安德和托亚，
是你们教会我生命中重要的东西是什么。

你有义务履行赋定职责，
但没有权利享有活动的成果。
千万不要以为自己是活动成果的原因，
也不可不去履行责任。

——《薄伽梵歌》第二章第四十七节

推荐

通过这本书,我有幸结识了作者本人,并与其保持着良好的友谊。书的内容取材真实。作者安德烈斯传递的是关于内在平衡的理念,这也是我向您推荐这本书的重要原因。

约瑟夫·加霍律师
欧洲法院驻加泰罗尼亚办事处主席

很明显,安德烈斯已经是减压方面的专家了。《自我的重建》是一本伟大的书,更是一本恰逢其时的书。本书已经被列入到推荐阅读书目中。

约翰·德·苏卢埃塔·格林鲍姆
USP 医院院长

希望这本书对你的引导，如对我的引导一样，像是水手可以善用风的力量扬帆远航。如果我们知道如何利用风的力量，如果我们对自己有足够的耐心，也许我们就会知道我们内心的船要驶向何方。这本书如航海罗盘，可以为每个想要扬帆起航的人指明方向。

卢尔德·关特尔·珀里斯
加泰罗尼亚肿瘤研究院教务处主任

我们不是支离破碎的个体，为了减轻压力，解决这个会给我们带来伤害的问题，我们要将个人视作一个整体（内心、情感、身体……）来考虑。这正是作者安德烈斯·马丁·阿苏埃罗在本书中所述的方法。本书堪称良书，表达严谨、注重实践、不流于表面，可以给人启发，引人深思。感谢安德烈斯，感谢他与我们分享这一切。

皮拉尔·赫里科
《新人才管理》和《不再恐惧》（ La nueva gestión del talento 和 No miedo ）的作者

我很喜欢这本书,喜欢它清晰的阐述,喜欢它的言简意赅,更喜欢它为我们窥见那个时刻处于精神崩溃边缘的内心世界提供的一丝机会。这是一本必不可少的书,书中尽是智慧箴言。

古斯塔沃·马丁·加索
心理学家和作家
曾获国家文学奖和纳达尔奖
《史料语言与玛尔塔和费尔南多人物史》(*El lenguaje de las fuentes e Historias de Marta y Fernando*)一书作者

你一定要带着思考阅读这本书。阅读这本书会让你大为振奋,让你不再背负着让人无法喘息的压力继续前行。感谢安德烈斯,感谢作者用如此睿智的语言指明通往我们内心的道路,让我们不再一味向外索求,让我们找到内心的平静。

博尔哈·维拉塞卡
西班牙《国家报》记者
巴塞罗那大学个人发展与领导力研究院院长

这本书对压力做出了最好的诠释。

加斯帕尔·赫尔南德斯
记者和作家

你可以换一种方式生活：内心平静而愉悦。不必再自我厌弃，完整接纳自己，更有成就感，享受更好的精神状态。这是我阅读安德烈斯这本书后的收获，更是我按照书中方法实践后的体验。获得这种体验的前提是：你不能只是单纯地把它当成一本书来读，书中建议的方法值得你付诸实践。这是一本要去"做"、去坚持、去融入的书。（没有哪一本书可以让你只是简单阅读不付诸实践便能感受到书中内容的魅力的，也没有哪一首有着优美旋律的乐曲是只通过阅读乐谱来演奏的：你必须拉小提琴。相信我，积跬步后方可至千里。）

马吕斯·米罗
洛卡胡耶恩特律师事务所合伙人

安德烈斯对压力来源以及压力给心理和生理健康带来的影响进行了深入探讨,并提出了建立在有意识的觉察和活在当下基础之上的八周正念减压疗法。这种疗法可以帮助我们缩短在"无意识状态"上消耗的时间,让我们的意识停留在当下,不执着于过去,不担忧未来;让我们完全生活在当下,用五感感知当下;让我们了解自己的情绪,控制情绪的反应。

加布里尔·马斯弗洛尔
Álex 基金会主席

当你对你的期待不再急不可耐时,你原本的期待才会随之而来。在这份期待到来时,你会惊讶,或是失望。你会问自己:我真的了解我自己吗?或者你会慨叹:我并不觉得自己是这样的人!这是一个信号,这是你的内心在告诉你,你需要做的是提升自己的自我控制能力。安德烈斯的这本书将陪伴着你,让你找到通往内心的道路,一步一步走向内心真实的自我，让你发现并理解埋藏在那些不利于身心健康的行为和习惯背后的运行机制。你还会在书中找到生活的重点，然后学会为自己建立起可以带来幸福的空间。

米里亚姆·苏比雷纳

《自由生活》和《直面生活》（*Vivir en libertad* 和 *Atreverse a vivir*）的作者

这本书带给我们的远远超过一本书所承载的内容。它更像是一个路标，作者安德烈斯在书中教会我们修习正念，享受与自我之间建立起联结的这段旅程。听取作者的建议，首先进行一些简单的训练，然后开始尝试冥想的练习，读者会重新发现那些原本因为在沉重得让自己无法呼吸的压力之下被忽视了的细节中包含的意义，这些生命中的细节尽管微不足道，但不可或缺。这真的是一本必备的枕边书。

胡安·卡洛斯·托斯

CAMEO 总负责人、创始合伙人

致谢

如果不是有那么多人一直在激励我、支持我、指导我、帮助我,那我的生活可能就不会是现在的样子。所以,我很高兴可以借这本书的出版向这些人表达我衷心的谢意,也希望通过本书可以或多或少地回馈他们的帮助。尤其是要感谢在这本书编写和出版过程中给予我帮助和支持的人,感谢皮拉尔·德尔·巴里奥,感谢你在我生命中最重要的时刻给予的支持和温暖;感谢格洛丽亚·加尔西亚·德·拉·班达,感谢你的建议,是你的建议让我找到正确的方向,更感谢你在我的研究过程中的付出;感谢乔·卡巴金和正念研究中心工作小组,谢谢你们的指导和慷慨无私;感谢恩里克·贝尼托,要感谢你给我的第一次机会,更感谢与你在独木舟上的谈话,这次谈话让我受益无穷；感谢科瓦奇（圣迪）基金会、珍妮·莫伊斯和何塞·路易斯·阿吉拉尔，感谢你们愿意支持一个想要在健康领域证明自己的生物学家；感谢韦森特·巴埃萨，感谢你相信我，相信我有能力做好这件事；感谢赫塞玛·奥德里奥索拉，感谢你带来"觉知"这一概念；感谢亲爱的玛利亚·费尔南德斯·奥斯托拉萨和培训实验室工作小组（佩波和胡安·马特奥），感谢你们给我机会让我分享我的自身体验，感谢我们之间愉快的团队合作；感谢阿黛拉·特哈达的信任；感谢奥古斯汀·苏卢埃塔和伊尼戈·罗萨达在面临挑战时所表现出的激情和毅力，感谢你们帮助我将梦想变为现实；感谢豪尔迪·纳达尔，感谢你带给我的让我诉诸文字的灵感。最后，我还要感谢那些热情从未消退的人，在过去的四年中，先后有超过800人参加了与正念有关的培训课程或研讨会，这让我有机会和他们共同学习、共同成长。

前言

我步入丛林,因为我希望生活得有意义,
我希望活得深刻,
并汲取生命中所有的精华,然后从中学习,
以免我在生命终结时,却发现自己从来没有活过。
我并不想那样生活,因为生活如此珍贵。
我也不想听天由命,除非那是万不得已。

——亨利·戴维·梭罗《瓦尔登湖》

有时候，你会觉得你的生活正在发生翻天覆地的变化，会发现有些事偏离了预定的计划。仿佛有一股势不可当的力量，像是一个旋涡，不知会将你带向何方。马德里十一月的一个午后，这样的事就发生在了我身上。我对那个午后的记忆非常深刻，因为我就是在那天被公司解雇的。我独自一人离开了那家业界知名的律师事务所，这次公司里再没有人像往常一样送我出门。我走到街上，孤独笼罩着我，像是烟雨笼罩着大地。天气已经转冷，街上见不到什么人。我感到一丝茫然，完全不知道这个时间去哪里比较好。我躲进了一家咖啡馆，咖啡馆里也空无一人。这让我产生一种不真实的感觉，仿佛身处梦境，世界看起来遥远而虚幻。时间在缓缓流逝，外面的世界寂静无声，而我的内心却是一片喧嚣。我仿佛置身于一场自己扮演着主角的恐怖电影，无法相信已经发生的一切。我的大脑中在不断回放，一次又一次地投射出整个故事，但又在某一刻戛然而止。我想要理清错误到底出现在哪里，想要知道为何自己会失去了一切，又在不断思考要怎么做才能弥补损失，但我发现，这一切的尝试不过是徒劳罢了。我的大脑已经习惯用盈利率来规划未来，而这一刻，我没办法再想象未来，因为我的未来不再有盈利，只剩亏损。

一路走来，我的职业生涯发展得非常顺利。我在校园中汲取生物学知识的同时，找到了一份暑期工作，工作地点是在一个养鱼场，尽管这份工作没有报酬，但却可以为我日后的工作累积经验。恰好在我工作期间，那个养鱼场养殖的鳟鱼患上了一种时疫，大量死亡，养鱼场为了及早结束这种情况，想尝试使用当时西班牙的一种创新型进口疫苗。我被委任负责这个项目的监督工作，然后，亲眼见证了在短短几周内这些鳟鱼从濒临死亡到痊愈的过程。对我来说，这真的是一段很神奇的经历，科学的价值被展现得淋漓尽致。回到校园后，我和我最尊敬的一位老师分享了这段经历，他鼓励我尝试开发一种类似的疫苗。在他的指导下，我们对美国的商用版本进行了改良，并为新配方申请了专利。这是第一种在西班牙生产的鱼类疫苗，无论是价格还是服务，都可以与进口疫苗媲美。当然，这算不上什么商机，这种疫苗的市场非常小，但这对一个一直期待干一番事业的年轻人来说，却是一个实现梦想的机会。在一个朋友的帮助下，我开始在实验室配制这种疫苗。这项创新吸引了一家跨国鱼饲料生产商的兴趣，他们在我得到最新的研究成果之前，就已经把合同放到了我面前。于是，我把疫苗配制工作交给了我的朋友，而我自己则专注于鱼类饲料营养作用的研究。

　　我的新公司规模不大，但非常有成长潜力。我在公司负责技术方面的工作，并在进入公司两年后拓宽了公司的商业方向。之后，我的瑞典老板决定退休回家，他给我报了MBA（工商管理硕士）课程，准备让尚未满二十八岁的我掌管公司。位于斯德哥尔摩的公司运营良好，并进行了一次翻新。总部为了表示激励，让我进入跨国公司执行委员会，成为其中一员，将我在西班牙的职责与这一职位结合。在接下来的八年里，我们在这个项目中投入了激情和梦想，也同样收获了巨大的成长，并成立了一家新的公司。这带给我们很多的成就感，还让我们两次斩获当地商会颁发的金奖。当然，鱼和熊掌不可兼得。公司的业绩时好时坏，毕竟，我们公司经营的业务是周期性的。之后，由于战略转变，公司被一家荷兰集团并购，而我也转战到这家荷兰集团。我和新东家之间磨合得并不是很好，所以，在完成交接确保公司平稳过渡之后，我决定挪一挪窝。为了寻求生活上的彻底改变，我开始经营西班牙最负盛名的海产养殖公司，这家公司分属于另一家挪威跨国公司。我对这家跨国公司非常了解，因为它曾是我原来供职公司的大客户之一，虽然公司的组织架构不够清晰，但公司有着雄厚的财力、尖端的技术和良好的氛围。我的任务是组织领导该集团在西班牙进行快速扩张，让集团旗下的五家分公司在西班牙市场站稳脚跟。之后我一直在为此努力，在合同结束前的将近三年中取得的成果已经远超预期。离开这家公司是源于一家分公司的一次危机，我在这次危机中没有按照我老板的命令行事，因为他的命令完全违背了我的行事原则，而这样做的结果就是工作中的内部阻力不断增加，最终葬送了我的这段职场生涯。

我热爱我的工作，但也承受着工作带给我的压力，尽管当时我并没有完全意识到，甚至对此有所抵触。身在顺境中的我，怎么会愿意承认自己的弱点呢？这就像是让一个人承认自己没有承受压力的能力一样，他怎么会愿意？而且这种压力，很多时候其实是自己给自己施加的，我也是在很久以后才发现这一点。但也有其他原因，我经常在外出差，基本上每两周就有一周是在出差中度过的，我要思考很多那些之前一直没有办法解决而且需要花时间慢慢考虑如何解决的问题。当然，每一个处在我这样职位的人，日子都是这么过的。虽然我已经有了所有生物学家都向往的工作，但很显然，身体的反应却并非如此。出差时我总是睡不好，浅眠多梦，消化也不好，我的肠胃经常会抗议。我的腰部经常疼痛，做了一些专门的训练也没办法缓解，经常要做一些按摩，症状才会略有减轻。尽管我并没有吃多少高脂肪的食物，但我的胆固醇含量一直居高不下，为此我还专门调整饮食，可结果并不理想。我的头脑每时每刻想的都是工作，很难让自己彻底地从工作中抽离出来，甚至机场候机的间隙或者空闲下来的一点时间，都要用来工作。我的心总是被困在未来的琐事中，头脑中充斥着规划、预算、构思、筹措。事实就是，我热爱我的工作，但现在我知道自己沉溺于其中，因此错失了很多生命中美好的时刻。

　　但在那个阴郁的午后，在我第一次因为失去工作感到前路迷茫然后孤独地坐在咖啡馆里喝着汤力水的时候，脑中思考的只有这些。我深感震惊。当你的生活突然发生变化，你该做些什么？我先是拨通了爱人的电话，她安慰了我。我对马德里的这份任命存疑已久，然后就又拨通了公司中关系最好的一位同事的电话。他先是给了我支持，之后自己也不免感到一丝物伤其类的惶恐。我决定不再打给任何人。父母一定会为此忧心——毕竟我还有两个孩子要抚养，我还是想当面告诉他们。我感觉自己受到了不公平的对待，可更多的是感到惭愧。在我自己看来，我的决定并没有任何不当之处，但可能没办法和他们解释清楚。难道工作上的成绩没办法弥补我的过失吗？董事长的答复虽然略失公允，但却是经过深思熟虑的，可以说还算厚道，而且这也是他的权利。幸运的是，因为公司要求我两年内不能供职于相同领域的其他公司，所以和我签了一份补偿协议。这是一种安慰，更是一次机会，是一束微弱的光，点亮了我日后努力的方向。

  从减压的角度来看，我在那天晚上做了一些明智的决定。我没有随便找一家酒吧，而是去了一个表哥家，去寻找一点带着烟火味道的温暖。我没有和表哥聊起这件事情，因为我不想一直围着这个问题打转，也不想让自己更焦虑。我们的聊天内容都是围绕着他的事情，又聊了聊家庭。那晚我几乎整夜未眠，但在第二天我还是开始考虑摆在我面前的机会。我决定用这两年的时间去探索一个全新的职业，一个可以将工作和我的个人兴趣很好地融合在一起的职业。我要做一件可以全身心投入到其中的事情，让收获随着我的努力自然而然地到来。我一定要找到一份比刚刚失去的更好的工作：这是一个挑战。我还不到四十岁，还可以改变自己，也来得及重新开始。这样想之后，我感觉好了很多。

三个月之后，我完成了手边最后的工作，接过了支票，随后开始了我的印度之旅，开始了一段新的生活。我独自一人来到印度，满心期待着跟随一位静修名师上一堂为期十天的冥想课程。我已经练习冥想多年，它已经成为我平衡生活的不二法门。可这趟旅行却并未如我所愿，不仅没有成为迈向内心平静或沐浴圣洁的一步，反而让我像是在地狱中走过了一遭。冥想课程刚开始，我就发现生殖器上长了一些红斑和肿块，开始我以为是被什么不知名的昆虫咬的。可慢慢地，我身上甚至连脸上都长满了这种红斑和肿块，浑身奇痒无比。我想这可能是心理作用导致的生理反应吧，可能是过去几个月压力太大，现在一下子发作了，所以才会这样。可病情继续恶化，到了第四天，我只得向静修中心诊所的医生寻求帮助，医生给我开了一种抗过敏的药膏。免疫系统会受到压力的影响，所以有一些因压力过大导致出现过敏性皮肤病的情况；然后我就想到，必须要让自己平静下来。可药膏反而使肿块变得更严重了，没过两天，我的脸都肿得变形了，这次我连觉都几乎没办法睡了。医生给我换了一种药，然后我开始变得很糟糕，饭也吃不下，感到无比沮丧、悲伤和孤单。但就这么什么都不做对我的病一点好处都没有。静修营里的人我一个都不认识，我也没勇气离开静修中心，因为我的身体实在是过于虚弱。于是我开始胡思乱想，怀疑自己一定是得了什么不治之症；然后甚至开始考虑这里可能就是人生最后的归宿这种可能性。想起过去的事情，我万分后悔，想着如果有机会，一定要改善和年幼的孩子之间的关系，给他们更多的爱、更少的要求，然后请他们原谅我。这时我已经完全平静下来了，但我的身体显然并非如此。我与自己相处得越来越好了，但我的身体状况仍在不断恶化。然后我想到这可能不是心理作用导致的生理问题。九天后，我换了一位医生咨询，他告诉我，我得的可能是疥疮，但可能性非常低，然后为了防止皮肤感染，他又给我开了抗生素。这已经是我尝试过的第五个药方了。

  疥疮这个词让我想起了中世纪，那个时候人们饱受这种发生在皮肤较薄而柔软部位的传染性皮肤病的困扰，但我还从未听说过周围有人得过这种病。然后，那天晚上，在浑身极度瘙痒的半梦半醒之间，我突然想起了我看过的一本生物书上一幅关于疥疮的插图。我醒来后确信这就是答案。我非常开心，因为终于知道我的病是由病菌引起的，并不是什么不治之症。第二天一早，我就把自己所剩不多的力气都用在治疥疮上，这次我换了一个本地的药方，并把所有穿过的衣服都用热水清洗消毒。然后，归心似箭的我踏上了回程的路。

回到家，病好了之后，我终于接受了已经失业这个现实。没有人给我打电话，我也不需要收电子邮件；实际上，我对社会没有一点儿用处。如果事情再来一次，我也不知道是否还会这么选择。我最大的精神支柱就是我的爱人，她倾听我所有的想法，给我鼓励，哪怕我的表现并不总是尽如人意。我们也会有争执，她也从她的角度承受着这一切，而她给我的支持和关心是支撑我度过这一时期的关键。我从中得到的另一个教训是，不确定因素导致的压力，会影响到你的人际关系。

我一直担心着自己的未来。我很清楚自己不想做什么，但却不清楚可以做什么有薪水支付的工作。为了寻找灵感，我不断参加关于社会和灵修方面的讲座。在一次讲座中，一位大学教授的一番话给我留下了深刻的印象，于是我拜访了她，并和她说起了我的打算。她建议我去马萨诸塞州和乔·卡巴金博士[1]学习减压疗法。去美国学习是我一直以来的一个梦想，美国是我了解并向往已久的国家。卡巴金博士是一位生物学家，他教授的是一种我在这次刚刚结束且满是疲惫的印度之旅中就已经深入了解还专门学习过的冥想技巧。在我看来，这完全就是为我量身定制的，所以我一定要试一试这种冥想技巧。

  在开始练习这种冥想技巧之前，我必须先通过另一项考验，那就是压力带给我的影响。是的，它并没有离我而去，我的身体仍在承受压力带来的煎熬。尽管我非常努力增重，但体重却一直没有变化，让人无法理解的消化和肠道问题也一直困扰着我。而且睾丸上还长了肿块。真是噩梦一般的经历！那几个月我唯一做的一件事就是陪伴，作为一名志愿者去陪伴那些身患绝症和癌症的患者，那些在医院里

---

1 乔·卡巴金，生物学家、作家，代表作品为《多舛的生命》（*Full Catastrophe Living*）。

司空见惯的人。我也清楚离婚或者分居产生的压力会导致身体出现这种病症，而在最近四年中我先后经历两次类似的事情。医生不仅建议我要保持平静，还建议我去做手术，切除一个像脂肪球一样的东西，然后再进一步分析。但是我已经买好了去美国的机票，离出发只剩几个星期的时间。我怎么能因为一个手术就放弃这次美国之行呢？我的爱人还有母亲都建议我向医生咨询替代药物和非医疗诊断方案，她们都认为这个脂肪球是我非要增重的结果。她们告诉我脂肪球会自己消失的。我接受了几次针灸治疗，改变了日常饮食，也不再去看医生，可医生却完全不理解我为什么会放弃手术。

  我爱人请假来了马萨诸塞州，而我并没有足够关注这一细节，因为处在压力下的人的另一个通病，就是过度担心自己，沉浸在自己的世界里，往往也就忽略了别人在做什么。减压治疗中心是一个特殊的地方，在那里工作的人相对别的地方也有所不同，他们待人都特别真诚热情。我带着练习用的资料和方法，伴随着鼓励我走上专业从事这一工作道路的老师给我的祝福，准备开始尝试练习这种冥想技巧。我已经有了练习所需的工具，还有极大的热情，只需要再看看这种冥想技巧在我居住的马略卡岛是不是也可以练习。

还没等到跋山涉水到处奔走时,我就在一次机缘巧合之下,有机会和一位医生的团队一起学习一门课程,经由这次课程,我们可以借鉴美国在这方面的研究成果。我们用这些资料在一次医学大会和另一个就业风险大会上制作并展示了一张海报。这种冥想技巧一直都有人在练习。而我这时在考虑的是,是否真的要选择它作为我未来的职业。

从零开始做咨询行业并非易事。我想要从事的健康领域是一个限制非常多的行业,与作为独立生物学家的我之间隔着一条难以逾越的鸿沟。我到很多地方尝试过,但事情进展得非常缓慢。在从美国回来后的一年里,尽管我数次尝试,但工作仍然没有稳定下来,我的失业补贴也眼看就要用完。这时,父亲刚好想从他经营的家族企业退休,于是我得到了一个代替我父亲职务的机会。这个决定意味着我要搬回到城市,或是重新回到原来每两周就有一周在出差中度过的生活。我会再有压力吗?如果我有了自己的办公室,有了公司配的车,那我在这个公司里也算是举足轻重的人了吧。可获得这些东西要付出的代价是非常昂贵的。我的爱人告诉我她不准备搬家，而我想要一心一意做一件事的计划也不会实现。所以我拒绝了这份代替父亲职务的工作，并决定给自己六个月的时间。我还是想再坚持一下，想努力去过自己想过的生活，期待着是否下一刻就会柳暗花明。

不久之后，事情迎来了转机。一个专业的冲浪团队聘请了我，工作期间还拍了很多精美异常的照片发布在杂志上。之后，我在圣塞巴斯蒂安开设了一门课程，这门课程得到了媒体的广泛报道。再之后，马德里的一位顾问建议我和他们合作。后来又有人聘请我为美洲杯进行"西班牙语挑战"培训，这次培训让我开始有了一定知名度。渐渐地，我的日程被安排满了，收入也稳定下来了。我的身体也有了反应。我的睡眠有所改善，腰疼渐渐好转，消化也好了很多，肠胃恢复了正常，指甲上的白斑不见了，不知不觉间我的体重也涨了十千克，而且胆固醇也下降了。我很满意我的新工作，我的身体也终于恢复了健康。我更懂得享受生活，不再总是满脑子工作和项目。现在的我更珍惜简单的东西：阳光、高山、大海、说走就走去想去的地方的感觉，还有当下。我已经意识到，我的生活已经彻底改变了。

我在这里讲述自己的故事，是为了让你们了解我；我不是上师也不是学者，我只是提供一些我个人的经历和体验来供你们借鉴。我的故事也可以被当作是一个案例，来解释在人生出现危机时，在改变骤然降临时，压力在发挥着什么样的作用。**当生活发生翻天覆地的变化时，压力也许会给你指明一条道路，让你变得更好，就像我所经历的一样。**正如卡巴金博士在他的书中所说的，这是我人生灾难来临时刻最大的冒险。的确，改变并不容易，也不让人愉快。但在经历过改变之后，如果你可以将这些过往的点点滴滴联系起来，就会发现，其实这才是你一直期待的路，你会觉得，此前经历的一切痛苦都是值得的。

　　说清了这些，我就不再过多地谈及我自己的生活。文章中将对正念减压疗法以及如何将正念减压疗法应用到日常生活中做出介绍。为了可以更好地理解后面要谈到的内容，我先给大家讲述一段关于亚瑟王的传说。

目录

理论建设篇

第一章　压力塑造了我们 / 3
　　真正的自我 / 5
　　抗压力型人格 / 18
　　有效的减压实践 / 21

第二章　压力与情绪是一种应激反馈 / 25
　　应激——生物的本能反应 / 29
　　应激中的心理因素 / 35
　　应激的生物 – 心理 – 社会医学模式 / 40
　　应激和痛苦 / 42

第三章　　有多专注，就有多抗压 / 45

第四章　　我们如何感知世界 / 61
　　　　　　感知世界的方式 / 65
　　　　　　从感知到行动 / 77

第五章　　走出情绪困境 / 85
　　　　　　四种情绪困境 / 89
　　　　　　情绪调节 / 98

第六章　　重建你的压力与情绪系统 / 105
　　　　　　回应应激的有效方式 / 107
　　　　　　更有效的五种人生态度 / 118
　　　　　　重新获得自主权 / 124

第七章　　重建你的应激表现——饮食 / 127
　　　　　　欲望的力量 / 134
　　　　　　进食或消耗 / 138

第八章　重建你的应激表现——沟通 / 141
　　　　　　主张式沟通的技巧 / 146
　　　　　　有意识沟通 / 150
　　　　　　沟通启示录 / 153

第九章　时间管理和人生目标 / 159
　　　　　　生活中的重点 / 168

第十章　行动计划：境由心造 / 173

实践指导篇

第一章　应激应对七原则 / 183
　　一、活在当下 / 185
　　二、不做判断 / 185
　　三、相信自己 / 186
　　四、初学者的心态 / 187
　　五、对过程的兴趣 / 187
　　六、接纳现实 / 188
　　七、关注自己 / 189

第二章　身体探索 / 191
　　身体探索冥想 / 196

第三章　专注呼吸 / 199
　　身体准备 / 202
　　专注于呼吸的冥想 / 203
　　不抑制念头也不鼓励念头 / 205

第四章　冥想、瑜伽和其他运动 / 207

　　站立冥想 / 209

　　行走冥想 / 212

　　瑜伽和其他运动 / 215

　　结束和放松 / 217

第五章　引导冥想：每天 45 分钟 / 219

　　第一阶段：专注呼吸（10 到 15 分钟）/ 222

　　第二阶段：身体探索（10 到 15 分钟）/ 223

　　第三阶段：不做选择的关注（10 到 15 分钟）/ 226

　　结束 / 229

第六章　八周训练课程 / 231

第七章　其他自我成长和自我学习的资源 / 237

　　冥想 / 239

　　阅读 / 240

第八章　《先锋报》作者访谈 / 243

理论建设篇

第一章

压力塑造了我们

真正的自我

卡米洛特王宫的纷争真的是越来越混乱了，正在查阅与贵族之间另一场纷争有关的审讯文件的亚瑟王暗忖。对于卡米洛特王宫内的这些尔虞我诈和钩心斗角，亚瑟王感到无比疲惫，尤其是在格洛梅尔·索梅尔爵士被驱逐出卡米洛特王宫后，这种疲惫感日趋强烈。这件事情发生后，亚瑟王开始心生厌烦。他在不断思考，一个远征军战士，一个如此聪明的人，怎么就会被野心冲昏了头脑，然后前来威胁这个王国的稳定？这可是那个他曾经宣称要为之效力的王国啊！

亚瑟王想：或许真的像魔法师梅林说的那样，我处事太过事必躬亲，这其实并不是一件好事。无论如何，即使是去找些乐子也好，我也应该出去转一转、打打猎了，看看放松过后是不是可以让我找回继续治理这个王国的欲望。于是，亚瑟王身着微服，骑马自王宫的后门向森林飞奔而去，大家甚至来不及阻拦。

秋日的早晨生机盎然，森林中红的、黄的、褐的树木，给这秋日平添了各种色彩，几棵深绿近乎黑色的冷杉，在这片被秋日颜色覆盖的森林中显得尤为突出。几日的秋雨过后恢复了秋日的阳光明媚，森林开始恢复活力，动物们也都出来觅食了，暖阳熏得空气也跟着变得温暖起来。在这些离开洞穴觅食的动物中，一只体型硕大无比的长着十四只角的鹿格外引人瞩目，亚瑟王几乎是立刻就注意到了这只大猎物。他绕了一大圈后，最终找到了一处风口位置。亚瑟王伏在灌木丛中射出弩箭，但这时猎物突然跳了一下，于是弩箭射到了猎物的后腿上，猎物被吓坏了，但还是带着重伤逃走了。

"唉，运气真差！"亚瑟王嘀咕道，"我不能让一只受了伤的猎物就这样逃走。"

亚瑟王翻身上马，跟着血迹在山谷中追着鹿的踪迹，途经了一座山坡、一片密林，跨过了几条小溪，来到了另一个山谷。他已经追着鹿的踪迹走了两个小时了，甚至不清楚自己来到了哪里。但他仍然继续跟着血迹追寻猎物的踪迹。

不一会儿，亚瑟王望见远处有一片空地，而受了伤的猎物正躺在阳光照耀下的草地上。"终于追到了！"他想。于是亚瑟王跳下马，可当他走近这只鹿的时候，发现那里并不是只有被他射伤的那只鹿：一个身着铠甲的高大骑士正盯着他，充满挑衅。

这不是别人，正是亚瑟王最不想见到的格洛梅尔·索梅尔爵士。

"亚瑟，你胆子不小啊，打猎竟然打到我的地盘来了？你觉得，在你羞辱了我之后还可以从我手底下把猎物抢走吗？你很清楚这片森林并不属于你的管辖范围。"

"格洛梅尔，我得和你说声抱歉，我并不知道现在身处何处，但我要和你说的是，我在森林里追这头鹿已经整整两个小时了，我是追着这头鹿的足迹才来到这里的。不过，如果你觉得鹿是属于你的，那就是你的，你拿走吧，我不想和你争论这个。"

"哪有这么简单，你这么讲可没办法说服我，你很清楚如果在别人的领地上打猎，解决问题的办法只有武力。所以，你不要再找借口了，是个男人的话就和我打一架。"

亚瑟王没什么心思和他打这一架。自己离开城堡本来是为了躲避问题，所以出门也没有穿盔甲。而且，格洛梅尔爵士长得人高马大，壮得像熊一样，身上还穿了铠甲。关键是，他现在正处在暴怒中。

几个回合之后，亚瑟王摔倒在地上，格洛梅尔将剑抵在他的脖子上，一边摘下头盔面罩一边说道：

"你的样子哪里像个王？如果你愿意接受挑战，我可以再给你一次机会。或者，你更希望我就此了结你的性命。"

"我接受你给的机会，格洛梅尔。"亚瑟王答道，心里想的却是，在这么不平等的战斗中，再拿剑也是无济于事的。

"那你就站起来，然后听清楚我接下来的话，亚瑟。你必须在七天后的中午回到这里，告诉我在所有可以得到的东西中每个女人最想要的是什么。如果你给不出正确答案，亚瑟王，上天入地我都会杀了你。如果你给出了正确答案，那就要为在这片不属于你的土地上打猎道歉。"

"可以，格洛梅尔，我会回来的。"亚瑟王说道，然后收起剑并驱马离开。

"什么是每个女人都想要拥有的呢？我猜一定是很不常见的东西。"亚瑟王苦苦思索。可他想不出任何办法来解开这个谜题。他不知道向谁求助，也不想回卡米洛特王宫，因为这会祸水东引，把麻烦带回去，可能会导致整个国家同格洛梅尔和他的部队开战，而这是他不惜一切代价都要避免出现的局面。"我必须要依靠自己来解决这件事情。"亚瑟王做出了决定,"我一定会找到答案的。"

就这样,亚瑟王翻山越岭挨家挨户寻找答案,路上逢人便问你最想要拥有的是什么。这些路人将身着猎装的亚瑟王当成一个显贵的陌生人,友好地回答他的问题,并没有认出来他是谁。可亚瑟王在本子上记下来的答案,都是一些与他所预料的相去甚远的想法或琐碎的事情。

年轻的女人想要金钱、丈夫、孩子、新衣服、房子或者珠宝;上了年纪的女人谈到的是她们的健康,想看到她们的子女成家立业,想有食物过冬,想要牲畜,或者是看孙子一眼。男人的答案更是没有条理可循,一些男人完全不知道怎么回答,而另一些则是根本不清楚女人的心理,因为他们回答的和女人给出的答案截然不同。

就这样,几天过去了,眼看着到了约定期限,可亚瑟王对于答案还是一点头绪都没有。就在他低头沉思着走向约定地点的时候,他听到森林里传来一个女人的声音。

"亚瑟王!亚瑟王!"

他转过头,隐约看到在一棵巨大的橡树脚下,有个人坐在一块黑色的石头上,那个地方光线非常暗。随着一点点走近,依稀可以看出是个女人,但看不出年龄,穿了一身很破的深色衣裳。她的头发又长又脏，就那么随意地披在脸颊两侧，脸上长着大大的鼻子，满嘴黑牙像是松塔一样挤在一起。可她的声音却诡异地好听，吐字清晰，语气和蔼。

"亚瑟王，我的王，我是瑞格蕾尔，森林女神，我知道陛下您现在身处困境。我叫住您是因为我可以帮助您，前提是如果您也可以给我同样的帮助的话。"

亚瑟王愣在那里，很是惊讶。"这个让人讨厌的女人是谁？她怎么会知道谜题的答案？"他不禁想，"这么穷困不堪的人会想要得到什么回报呢？"但以他目前的境地实在是没什么别的办法，到现在为止得到的答案他都不太有把握，他想反正接受了这个交易也不会有什么别的损失，那就姑且一试吧。

"太好了，瑞格蕾尔。"他答道，"我接受您的帮助，如果您真的可以帮助到我，那么我向您发誓，只要是我能做到的，您要的任何东西我都可以给您。"

"可以。那么，请您走过来，我告诉您答案，然后您就可以去赴约了。等您赴约回来后，我会告诉您我的愿望。"

亚瑟王认为这是一个很好的交易。他翻身下马，朝着这个让他觉得讨厌的森林女神走了过去。这个女人在他耳边低语了几句，亚瑟王听后深受震撼。

"谢谢！"他回答道，"我认为您的答案真的是非常有道理。我很快就会回来，森林女神瑞格蕾尔。"然后亚瑟王一边道别一边翻身上马，骑着马开心地离开，向森林空地方向而去。

当身着让人望而生畏的黑色盔甲的格洛梅尔爵士看到亚瑟王来到约定地点时，厉声问道：

"你已经有答案了，是吗，亚瑟王？或者你是准备好来受死的？"

"我已经有了答案。"亚瑟王回答，并拿出身上的册子补充道，"一些女人说是孩子。"

"一派胡言，很多女人都有太多孩子，我不觉得她们还想要孩子，她们只是把生孩子当成一项任务来完成。"

"另一些女人说是丈夫。"

"不对。没有丈夫的女人想要有丈夫，但已经结了婚的女人，很快就发现事实并非如此。你在欺骗我，希望你给我放聪明点。"

"那么我说，答案不是金钱、珠宝、房子或精美华服，对吗？"

"当然。你很清楚，城堡里的很多女人都有这些东西，但她们并不珍惜，所以你准备好受死了是吧？"

"不要心急，格洛梅尔。实际上我还没有和你说答案。"

"那答案是什么？你是在消耗我的耐心吗？"

"在所有的事情当中，每个女人都想要的是自主权，是能够自主决定自己事情的权力。"

格洛梅尔爵士默然地站在那里，然后咬牙切齿地咒骂着，并把剑插在鞘里，又朝地上吐了一口唾沫，之后说道：

"希望我再也不会碰到你，亚瑟。现在就滚，再也别来这里。"

回来的路上，亚瑟王停在了那棵巨大无比的橡树前，瑞格蕾尔还坐在那里，并且满是愉快地问候了安然归来的亚瑟王。

"如您所料，您的话对我帮助很大。现在您可以告诉我，我能为您做些什么呢？"

"一点也不难。"瑞格蕾尔答道，"我想要嫁给您的一位骑士，我想要结婚。"

"这不可能！"亚瑟王回答道，"您并不是贵族，而且我也不能强迫我的骑士们。"

"您已经发过誓答应帮助我,您是至高无上的王,可以说服他们的。我已经履行了我的承诺,剩下就看您的了。"瑞格蕾尔说道。

亚瑟王骑着马告别了瑞格蕾尔,路上只能不断叹气,因为他即将面临必须要履行诺言这份考验,这实在是太过不同寻常了。"还有我自己,一个星期前是因为想要放松才出来打猎的,"他想,"现在好了,反倒又被新的麻烦困住了。"

这时他已经回到了卡米洛特王宫,然后召集了圆桌会议,向骑士们解释了他的这次冒险之旅,一直到解释完这次冒险的最后部分,他才保持沉默。

"那么,亚瑟王,这个森林女巫想要嫁给谁?"圆桌骑士中最没有耐心的兰斯洛特问道。

"你们当中任何一个愿意娶她的人都可以。"亚瑟王一边带着痛心的表情望着桌子,一边回答道。

"什么?"这次所有人都异口同声地诧异道,然后就都陷入了长长的沉默。

没多久,高文爵士,他是亚瑟王的外甥,也是圆桌骑士中最有风度的一位，接过了话茬说道：

"我的王，这位森林女神已经展现出她的学识和诚意，她已经在没有先要求回报的情况下就给了您帮助。我们所有人都对她有所亏欠，因为她救了我们的王，也就维护了我们的王国的稳定。所以，让我来娶她吧。"

"外甥，谢谢你的好意，但你要知道，她长得实在是不堪入目。"

"谢谢您，但我认为她的行为有些与众不同，而且，能够为您履行诺言做些贡献，也是我的荣幸。"

会议解散后，随行卫队已经准备好陪同高文爵士去赴与瑞格蕾尔的第一次约会。

骑马走了一会儿，他们到了橡树脚下，高文爵士下了马，当着亚瑟王的面，谦恭地向瑞格蕾尔求婚。这位森林女神非常高兴，真诚地答应了高文爵士的求婚。尽管她面貌丑陋，但声音却与生俱来的甜美，如黄莺出谷。然后，让在场所有人吃惊的是，高文爵士邀请她共乘一匹马，就这样，这对未婚夫妻回到了城堡，身后跟着一群一直难以置信的随行卫队。

结婚仪式很快就安排好了。发型师、化妆师和服装师都被召集了过来,瑞格蕾尔沐浴、梳洗、打扮,穿上了美丽的新娘服;可尽管如此,她的脸依旧骇人。但她的话语充满智慧,她的声音轻柔甜美,让人着迷。真的算得上是只可闻其声不能见其人的典范。

婚礼按着程序如常进行,宴会过半的时候,新人离开了宴会厅,去继续进行婚礼接下来的部分。

到了新房,高文爵士让新婚妻子先一步去卧室换衣服,然后在更衣室里等着她,一边望着炉火出神,一点也没有要脱衣服的想法。然后,他听到那个美妙的声音在呼唤他。

"高文爵士,我亲爱的丈夫,难道您没有看到您的新婚妻子正躺在婚床上吗?"

高文爵士礼貌地走了过去,然后他仿佛看到了一个奇迹。眼前的瑞格蕾尔竟然变成了一个异常美丽的女子,鼻梁优雅、嘴唇红润、贝齿洁白、眼眸深绿、棕色的头发优雅地披在肩头,还有麦色的皮肤与白色的睡衣之间形成强烈的视觉对比。她现在的身材苗条而匀称,洋溢着健康和青春的气息。这是一个可以当之无愧地用漂亮来形容的新娘。

"你,你这是发生了什么?"他一边回答,一边忙着脱掉身上的衣服，而视线却舍不得从妻子身上移开半分。

"你现在看到的我，才是真正的我。而你之前看到的那个丑陋的我，是我的姐姐嫉妒我的美丽向我施了诅咒的结果，她是莫顿夫人，也就是格洛梅尔·索梅尔爵士的夫人。我姐姐告诉我，如果我可以找到一位真正怜惜我的骑士，就可以恢复一部分的容貌，这就是事情的经过。"

"太好了！"高文爵士答道，这时他已经踢掉了脚上的靴子。

"亲爱的，不要心急。诅咒还没有消失。所以，在你将我抱入怀中之前，必须一劳永逸地做一个决定，你什么时候愿意看到你眼前这个正常的我。如果是想要晚上看到，那我就会以我从前的面貌出现在世人面前，一直到这个时间才能恢复正常。或者，相反地，你更希望我以现在这副正常的面貌在白天出现，那晚上，我就会变回之前那副丑陋不堪的面貌。"

高文爵士，这个原本就不冲动急躁的人，微笑地看了她一眼，然后起身离开床榻，回到更衣室中噼啪作响的炉火旁，思考着他的答案。过了一会儿，他回到婚床旁，望着她的眼睛说道：

"我亲爱的妻子，对我来说这个决定真的是一个非常困难的选择，因为每一种选择都有好有坏。但你问我的是你自己的外貌，所以，决定权在你，而不在我。"

这时瑞格蕾尔从床上跳了起来，手脚并用地抱住了高文爵士，然后一边吻着他，一边流下喜悦的泪水。高文爵士非常诧异，连忙问她怎么了。瑞格蕾尔容光焕发地回答道：

"我姐姐非常肯定地说，我永远都不会遇到一个能让我自己做决定的骑士。所以，现在你已经完全破解掉我身上的诅咒了。我会永远保持现在的样子，无论白天还是黑夜，无论是在你还是其他人面前！谢谢你的善良！"

于是，他们又重新举行了一次婚礼，使整个王国的人都可以看到瑞格蕾尔的美丽。婚后，瑞格蕾尔一直生活在卡米洛特王宫，她是智慧的源泉，并通过调解纷争，促进和睦，得到了所有人的爱戴。在她的帮助下，甚至连格洛梅尔爵士，都和亚瑟王达成了和解。

抗压力型人格

我之所以节选这段传说[2]作为本书的开篇,是因为我们享受着的自由只是流于表面的,而真正意义上的自主权实际已经岌岌可危。当一个人感到压力重重或是不堪重负时,这个人就会开始以一种莫名其妙但却又无法忽视的方式丧失自己掌握生命自主权的能力。来自周围环境、工作和家庭的压力,会让我们变得紧张,然后这种紧张的状态又会导致我们表现出一些完全不同于在更为放松的环境下表现出的行为。这种在面对生活时发生的状态变化,可能会给我们的健康状况和人际关系带来明显的负面影响。后文会详细地阐述这方面的内容。

就像是让年轻貌美的瑞格蕾尔变成丑陋女巫的诅咒,压力让生活变成了一场角逐生存的战斗,而现实生活中并不存在发生在瑞格蕾尔身上的奇迹。让人产生压力的这种诅咒会影响人对现实的感知,会唤醒人内心的恐惧或愤怒。

---

[2] 这段传说源自十五世纪英国民间传说,存于一份十六世纪手写版诗稿中。但故事情节来源于杰弗里·乔叟于1390年完成的《坎特伯雷故事集》。这是一个说明当时作家思想走在时代前列的很好的例子,他们把自主权作为普遍价值来讨论,只不过当时这还只是少数人才可以享受的权利。在作为传播智慧方式的印刷术出现之前,有很多这样的故事,这些故事在一代又一代人中广为流传。

这些情绪会导致我们做出一系列反应性行为，会让我们深受其苦，但却并不会让事态发展发生特别大的改变。**从长远来看，压力让我们生活得好像一根绷紧的弦，我们总是步履匆匆，忘记放慢脚步享受生活中很多美好的时刻。**可是，难道我们一定要生活在这种状态下吗？或者说，我们能不能换一种方式生活？

让我们来看看我们的英雄——高文爵士身上有着什么样的特质。他是一个有着非常清晰的价值观的人，一方面是面对亚瑟王时的忠诚和负责，另一方面则是对他妻子的尊重。他展现出了无所畏惧的勇气，无论是去求娶女巫时，还是在面对他妻子丑陋的外表时，都没有露出丝毫胆怯。他也不冲动，可以超越外表看到内在，可以看到藏在瑞格蕾尔外表下的智慧和付出。最后，也是同样重要的，他有着全局观，他意识到夫妻关系是建立在共同利益的基础上的。只有有了这些品质，他才会把有着深远影响的决定权交到他妻子的手上。以上种种高尚品质使他成为英雄，而这些品质也是我们所有人都希望能够从领导、伴侣或同事身上看到的品质。

高文爵士是一个真正意义上拥有自主权的人，他用行为践行着自己的价值观，不因外物外力而改变。他清楚地知道他的人生应该做什么，应该如何去做，然后，他也确实做到了。这是一个典型的抗压力型人格的例子；我们在后文中还会提到，这种人格需要具备三个特征：自我约束、践行承诺、积极地面对挑战的能力。

高文爵士和其他骑士的不同之处就在于他的态度，而不是每个人都具备的相同的外在条件。同样的事情在现代生活中也经常上演：我们都生活在同样的环境中，但我们每个人承受压力的方式却各不相同。态度是感知现实世界，然后产生情绪，最后付诸勇敢行动这样一系列元素呈现的结果。英雄主义行为的出现需要把握住天时地利的机会。我们能够看到的只是表现出来的外在行为，行为发生前对现实的感知和产生的情绪，是无法被人窥见的，而这些才是藏在英雄主义行为背后的本质。所以，为了减轻压力并找回我们对生活的自主权，从感知现实的方式，到我们要如何以另一种方式应对生活中出现的挑战，一步一步构建起这本有关于重建自我的书。下面我们先来介绍什么是正念减压疗法[3]，以此作为本书的首篇正文。

---

[3] 正念减压疗法（MBSR, mindfulness-based stress reduction）。

有效的减压实践

本书是在一次名为正念减压疗法的培训的基础上完成的。[4] 这个培训项目在美国非常有名,是大概二十五年前由乔·卡巴金博士在马萨诸塞大学医学中心创建的。培训的标准模式是一种以小组为教学对象的培训课程,每期课程持续三十个小时,为期八周。课程内容包括放松、冥想和瑜伽,然后解释应激产生的原理、根源以及可能带来的影响。教学方法有很强的参与性,课程中还设有助教。

减压门诊结合了东方的健康观点和可以从专业医学角度维护这项疗法的详尽的科学研究。减压诊所中的减压疗程建立在三个原则的基础之上。第一个原则被称为心身医学,这个原则强调的是,不应该像常人以为的那样将心和身这两个概念一分为二来看待,而是应该将其视为一个整体。所以,心理问题会转化为身体上的病痛,而身体上的问题,也会让心理饱受折磨。第二个原则是积极参与的态度,也就是个人不应该把健康视为全部应由医生来承担的责任,而是要保持一种批判的、积极的态度,明白自己应

---

[4] 更多相关信息,可以查询如下网站:http://www.umassmed.edu/cfm/index.aspx。

该做什么，要承担什么样的责任，只有这样才可以让身体赖以生存的内在环境变得更好。第三个原则是一种辅助性疗法，不涉及具体的诊断，也不涉及任何治疗方案，这种辅助疗法提倡根据个人情况开展有利于健康的锻炼。

除此之外，减压门诊还致力于以科学的方式对与压力、慢性疼痛和其他心身疾病相关的结果进行评估并形成文档的工作。根据门诊记录可以确定，采用正念减压疗法可以让各种与压力相关的问题都得到解决，其中与压力有关的病症可以减轻35%，心理困扰可以减轻40%。[5] 我们在西班牙也对此进行了调研，调研对象是最近四年减压课程的参与者，总计超过800人，经过我们的研究[6]并结合这些人的亲身经历，得到的结果与上面列出的数据基本一致。我希望这些数据可以激发读者在阅读本书的同时产生进行正念训练的想法，然后可以结合我在书中所述的内容亲自去体验。每章的结尾处都会随附与正念训练有关的建议（为方便阅读与记录，以小册子的形式呈现。——编者

---

[5] 如果想要了解更多的与正念减压疗法有关的研究文献，可以查阅网站：http://www.umassmed.edu/cfm/bibliography/index.aspx。

[6] 在A. 马丁、G. 加西亚·德·拉·班达和E. 贝尼托的《行为分析和校正》的"通过正念减压疗法中有意识的觉察来进行减压"一章中，可查阅更具体的研究内容。

注），具体在实践指导篇中也做出了详细说明。我真诚地希望，读过这本书的读者不仅仅是觉得书的内容可以让他受益良多，还能够以有觉知的方式生活，从而拥有更大的自主权，掌握自己的生活。

第二章

压力与情绪是一种应激反馈

几乎全人类都面临同样的困境。我难道没有告诉过你？

得不到你想要的，你会觉得苦；得到的不是你想要的，你会觉得更苦；

哪怕是已经得到你想要的，你依然觉得苦，因为你担心拥有的不能一直拥有。

所以让你受苦的是被困在苦里的心，它想要免于改变，免于痛苦，免于生和死的必然性。

然而，改变是一项法则，再怎么努力，都不能改变这个事实。

——丹·米尔曼《深夜加油站遇见苏格拉底》

压力是每个生活在现代的人都面临的问题。如果从职场角度来考虑，根据欧盟的研究报告[7]，我们会发现几乎每五个职场人士中至少就有一人在承受压力带来的影响，压力也被列为四大职业健康问题之一。另外的三个健康问题是背痛、肌肉痛和疲劳，三个问题加一起占比在20%到30%之间。实际上这三个问题也都与压力有关，接下来我们就对此进行深入探讨。

如果从公共卫生的角度来考虑，据估算，16%的男性心血管疾病和22%的女性心血管疾病都是由压力导致的。我们还发现，**压力也是造成很多肌骨失常、消化系统问题、免疫系统问题、生殖系统问题以及诸多心理问题的主要原因之一**。压力带来的影响不可忽视，可看不见摸不到的压力到底是什么呢？一个人又要用什么样的方式才可以判断出自己正在承受着压力呢？我经常会听到这样的问题，接下来的内容就会对这些问题做出回答。

在解释压力是什么之前，让我们先来做一个简单的练习。试着去回忆你生活中一件不开心的事情。不要去描述事情的经过，只是试着回忆你身体当时的感觉，还有你

---

[7] 欧洲通讯社，《第四次工作环境和工作条件调查》，2007年。

在那一刻表现出的情绪。你可以让自己暂时停留在那一刻，试着重现当时的情景，闭上眼睛，让记忆涌入到你的身体中，让当时的感觉在你的身体中缓缓流动，然后试着找到身体中可以觉察到这些感觉的部位。同时，还要觉察你当时的心理状态，回想一下你的心当时处于什么样的状态中，当你把自己带入到曾经的情境中时，当时的心理状态也就会重现。

如果是参加培训课程的学员，可以在家里完成这项练习，然后在下一周回来继续接下来的培训课程时，以小组的形式分享练习的体验。可以在黑板上画两个表格来记录练习中的体验，一个表格记录当时产生的感觉，另一个表格记录出现的情绪。记录感觉的表格内容一般会比较多，其中会包括很多生理变化，如：肌肉紧张、皮肤发热、出汗、心悸、心搏过速、胃痉挛、呼吸急促、心脏压迫感、神经过敏或焦虑不安。另一个表格中列出的情绪，可以汇总整理成三种基本心理状态：恐惧、愤怒和悲伤。填完这些内容之后，我们再来看看什么是压力，看看现在是不是对压力多了一点了解。

应激——生物的本能反应

应激有持续了几千年的进化过程,我们可以用最通俗的语言来解释什么是应激。在人类与大自然抗衡的过程中,在生死存亡的时刻,是应激让我们幸免于难。让我们回顾一下人类最初的生活环境,可以试想一位生活在大约三万年前的人类祖先:假设这个小孩十三岁左右,是个男孩。秋天浆果比较多,于是他提着篮子走出了居住的洞穴去摘浆果,他一边吃着摘下来的浆果一边任思绪神游。突然,干枯的树枝飒飒作响,这预示着附近有大型动物出没。我们的主人公转过头,看到了一只巨大无比的洞熊,这个庞然大物正在为准备冬眠而寻找丰盛的晚餐。洞熊体积庞大,臂展近四米,它已经走出了森林,正在向他走来。这个小男孩心中顿时警铃大作。他意识到这是决定生死的一刻。我们的主人公扔掉手中的篮子,然后拼命地跑到一片有很多大块石头分布的区域中,这个地方离下坡有一百米远,旁边是一条小溪。可洞熊也跟着跑了过来,不过洞熊的前腿比后腿短,所以下坡时没办法跑得很快。这个时候小男孩已经躲到了石头中,因为体型小的关系,他可以很容易地在石头之间钻来钻去。最后,他躲在了一块巨石

压力与情绪是一种应激反馈

下方的小坑道中，而洞熊因为体积太大，所以没办法钻进来。至少这个男孩是这么认为的。我们的这位祖先非常恐惧，他蜷缩在那里瑟瑟发抖，不过，也在一点一点地从刚刚奔跑的疲惫中恢复过来。但洞熊并没有准备就此放弃它的猎物，它发现了男孩，然后开始用爪子刨洞口裂缝的地方，试图刨出一个能伸进爪子的洞，然后把爪子伸进去抓住它的猎物。这个年轻人，这个配得上"猎户之后"称号的孩子，他知道不采取行动就只能坐以待毙。之前驱使他逃跑的恐惧，在这一刻转变成了愤怒，他不停地从小坑道里向洞熊怒吼，并且不断地拿着石块砸向洞熊的爪子，想要把洞熊赶跑。洞熊在被狠狠地砸了几次之后，不得不收回了爪子，然后再也没有把爪子伸进去。虽然这只洞熊在洞口徘徊了很长一段时间，但最后它还是离开了，因为它已经饥饿难耐，而经验又告诉它，人类的幼崽不会那么轻易屈服，跑出来作为它的晚餐。我们的主人公又惊又累，已经筋疲力尽，一直到次日才略有恢复，而这时他的饥饿已经战胜了恐惧，所以他冒着危险离开了小坑道。

现在，让我们回过头再来看这个故事，换一个角度，从生理层面重新解读这个故事，也就是让我们来思考一下，这个年轻人的生理和心理分别经历了哪些过程。在看到洞熊的那一瞬间，他会产生一种非常强烈的情绪——恐惧，这种恐惧会唤醒身体的整个行动系统来应对紧急情况。在肾上腺素这种可以通过刺激使身体同时产生多个反应的激素的协调下，身体开始产生动作。然后神经系统受到刺激，启动逃跑机制。在逃跑的过程中，肌肉会不可避免地收缩，心跳开始加速，然后血压上升，加速血液供应，以满足奔跑的需要。这时身体对氧的需求量也在增加，因此，为了使血液中可以有足够的氧，肺泡扩张，呼吸开始变得不稳甚至急促。这时血液循环主要供应四肢，所以其他部分的血液供应会受到一定限制，因此一边走路一边吃着浆果的男孩的消化过程被突然中断，消化系统中的血液主要被输送到肌肉中。这实际上是一个先后顺序的问题。由于任何方式的逃跑都会带来被割伤、失血，然后被感染的风险，所以皮肤会绷紧以避免发生出血，而保护我们身体免受感染的机体免疫系统开始作用于受伤的体表处，以监控病菌的侵入。

　　当男孩躲到坑道里时，他先是放松了下来，但没多久洞熊就追了过来，此时身体的应激反应机制被重新启

压力与情绪是一种应激反馈

动，而这一刻小孩的情绪已经从恐惧转变成了愤怒。他这时处于热血冲头的状态，所以会大声怒吼，并且浑身充满力量，搬起石块去砸洞熊的爪子。因为到了这一刻他逃无可逃，所以只能迎上去和这只洞熊拼死一搏，一直到洞熊最后放弃离开，这个过程中小孩一直处于愤怒的状态。而其他时候他基本和逃跑时一样，都是处于恐惧的状态。

直到洞熊等得不耐烦了，男孩才稍有放松，这个时候身体内分泌的不再是肾上腺素，而是另一种激素——皮质醇，随着这种激素的分泌进入到应激的第二个阶段，即阻抗阶段。

当危险逐渐消失，神经系统开始作用，激活身体恢复的过程，我们将其称为"睡眠"，皮质醇会刺激消耗存储在身体内的脂肪，以此来供给机体所需的能量，而且不需要离开坑道。这个过程一直持续到身体出现饥饿感为止，这时小孩才不得不离开藏身处，而危险也早已消失。

这就是整个的应激过程，沃尔特·卡农在20世纪20年代时根据直觉描述出这种反应，而后汉斯·塞利在20世纪40年代时对其下了定义。这两位生物学家打开了最具吸引力的生物医学研究领域的大门。简言之，应激可以归结为两个词：争斗，或是逃跑。很显然，对生物来讲，应激是非常必要的生存机制，很多情况下应激可以救人于危难之际。[8]

  应激分为三个阶段。第一个是惊觉阶段，也就是机体受到刺激后被激活来处理问题的阶段。如果问题没有解决，我们就会过渡到第二个阶段，也就是阻抗阶段。第二个阶段之后就是第三个阶段，即衰竭阶段。**衰竭带来的就是身体的储存耗竭，这才是我们通常定义的"压力"一词的真正含义。**这个定义是汉斯·塞利取自工程学领域的专业术语，之后一直沿用至今，并作为国际通用术语使用。身体的储存耗竭是产生各种疾病的源头，应激是这些疾病的诱因之一，除了应激之外，还有遗传原因或是环境原因。

表1｜应激的三个阶段

1. 惊觉阶段 → 2. 阻抗阶段 → 3. 衰竭阶段（储存耗竭）

  我们再回到减压培训课程中，可以总结出两个结论。第一，结合黑板上列出的感觉和情绪以及远古时代故事中我们的那位祖先在生理和心理上经历的过程，可以发现不

---

8 如果对从生物学角度阐述应激反应内容感兴趣，可以查阅理查德·萨波斯基教授《斑马为什么不得胃溃疡》一书。

压力与情绪是一种应激反馈

愉快的感觉和人的情绪从古至今并没有区别。第二，可以确定应激有两个特点：一是舒适区威胁因素或是危险因素，二是在这种威胁或危险因素作用下产生的生理和心理上的失衡。在思考如何避免或减轻压力时，这些因素都非常重要，因为我们可以将这些因素应用到减压过程中作为参照，这部分具体会在第六章中做出说明。

当然还有更多的细节，比如我们在前面提到过的再生皮肤周围组织细胞避免发生感染时免疫系统的作用。这里我们不再赘言，只补充免疫系统的两个参与过程。一个是在体表上过度刺激免疫系统的过程，这会导致出现牛皮癣或过敏等症状；另一个是机体内部缺乏保护，缺乏保护会使机体的呼吸系统或消化系统变得容易发生感染。这就可以很好地解释了为什么和在外度假滑雪相比，反而是在办公室的高压环境下工作的你更容易感冒了。机体中另一个对应激敏感的系统是生殖系统。紧急情况下的反应都是短期的，所以当机体感觉到当前处于危险情境下时，生殖系统的繁殖功能就不再作用。由此可以推断出，性功能障碍，包括阳痿和不孕不育，可能都与应激有关。当然，健康问题肯定是多个因素作用下的结果，但应激一定是其中必须排在需要考虑的前几位的因素之一。

应激中的心理因素

应激,从原理上来讲,是所有哺乳动物都会呈现出的一种反应。而我们人类有一种与众不同的特质,那就是自我意识和思考能力。人类的这种特殊性对应激产生了极大的影响,尤其是在现代生活当中,这种影响尤为明显。接下来就让我们来了解出现这种现象的原因。

如果故事中的洞熊追的是一匹狼的幼崽,狼的幼崽可能会和男孩一样躲过一劫,然后它的生活又恢复如常。但人却要复杂得多,他可能会受到这段经历的严重影响,噩梦不断,总是反复说同一件事情,会责怪自己为什么要独自出门寻找食物,会不想再离开居住的洞穴,也不想再吃浆果,或是发誓一定要找机会消灭那只洞熊。这些都属于创伤后应激障碍,自越南战争归来的士兵身上就出现过这种情况,而且这也已经成为军队卫生事务中的一项挑战。这种类型的应激对人生活的影响非常大,甚至在事后会持续数月至数年,因为危险一直存在于当事人的内心深处。

伴随着洞熊这类生物的灭亡,我们的文明仿佛已经驯服了大自然,我们生活的西方世界所面临的挑战,已经不

压力与情绪是一种应激反馈

再是为了活命去争斗或逃跑那么简单的事情了。当今的社会，压力无处不在。为什么会出现这种情况？因为现代社会上的各种威胁以同样的方式激发了机体的应急机制，我们将这些威胁称为"社会心理需求"。当某一种情况的需求累积到超过一个人能够承受的极限时，应激就会随之而来。会导致出现应激的情况包括：被解雇、失业、婚姻破裂、经济损失、晋升到一个不如意的岗位、对恐怖袭击的恐惧、工作中的困扰、面对不公时的愤怒、为了实现目标给自己施加的压力等。

在这些导致出现应激的例子中，大脑都会感知到威胁，就像在现实生活中真的遇到了危险，比如有一只熊跑向某个人时，这个人感知到的威胁。而机体下意识的反应，就是刺激数千年以来一直运行良好的或是争斗或是逃跑的应激反应机制。结果可想而知：逃无可逃，战亦无可战。除了生理上的危险，心理上的危险的危害性更大并且更持久，机体的各个系统产生内部储存耗竭，并开始出现不良反应，如睡眠问题、肌肉紧张、背痛和头痛、溃疡和肠胃失调、高血压等心血管疾病、阳痿等。正如我们在前面提到的。

这种身心反应可能带来的另一个后果是，在这种身心反应一次又一次的作用下,它会转变成长期性反应,这时就极其容易催生心理健康问题。我们已经清楚应激是在两种情绪的作用下被激发的,即愤怒和恐惧;但如果一段时间过后应激根源并没有得到解决,就会随之出现另一种情绪——悲伤。我们将焦虑、恐惧障碍甚至达到惊恐发作程度的病症,称为长期恐惧。与我们如影随形的悲伤会逐渐演变成抑郁,这也是我们这个时代面对的最大的公共健康问题之一。除了这两种情绪外,持续性的愤怒会使人具有攻击性和暴力倾向。后文对应的章节中,会对这些情绪进行详细说明,在这里提到这些情绪,是为了让读者了解它们是生活的重要组成部分。

表 2 | 未处理的应激可能带来的后果

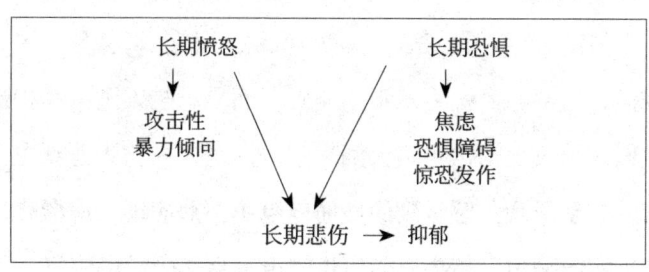

最早开始从事应激研究的是生物学家,因为生物学家

一直在思考这种反应对动物产生的影响，也就是应激作用下的身体内在储存耗竭导致的生理机能方面的问题和心理失衡或心理疾病。在生物学家之后从事这方面研究的是心理学家，他们开始对人身上产生应激的根源进行研究。首先，他们对哪些属于应激反应、哪些不属于应激反应进行了详细分类。这是一项非常烦琐复杂的工作，因为我们人类对万事万物都有着各自的喜好，所以对同样的事情不同人的反应可能完全不同。比如离婚，有些人会因此而疲惫不堪，而有些人会觉得这是一种解脱，具体的感受因人而异。繁忙的工作让一些人还没到月底就已经不堪重荷，而对另一些人来说却轻而易举。更糟糕的是，即使是在发生极端事件时，应激给每个人带来的影响也同样有着不确定性。我们以地震为例：经历过地震之后，一些人可以回到之前的正常生活中，重新燃起对生活的希望，坚信一切会变得更好，我们将这部分人称为乐观主义者；而另一些人则截然相反，他们认为失去的再也不会回来了，这些人被称为悲观主义者。**越是乐观，感觉到的威胁就越小，对应地，应激作用带来的影响也就越小，所以也就更容易从应激中恢复。**

那么，要如何理解应激呢？应激的出现是随机的吗？

由于应激的产生有着很强的个体主观因素和属于它自身特有的内在动力，所以，我们可以将应激描述成一个相互作用的过程，在这个过程中，个体会采取不同的策略来应对应激的根源和产生的影响。这意味着在场景中加入了一个新的应激要素，即行为。这样，最容易理解应激的模式就是生物-心理-社会医学模式，也就是"身体+心理+行为"三个因素作用的模式。拉扎勒斯和福克曼于 1984 年提出了这个理论[9]，并详细地解释了这一过程，接下来我们就对此做出进一步说明。

---

9 具体可查阅理查德·拉扎勒斯和 S. 福克曼的《应激反应的评估和应对》。

应激的生物－心理－社会医学模式

研究人员开展应激研究的第一步，是对一个主体感受到应激时出现的避免应激的应对行为进行研究。每次在面临不愉快感觉时出现的缓解应激行为的努力，在专业领域中被称为"应对策略"。下面就让我们看一看这个模式是如何工作的。

当一个人处于不愉快的情境中时，就会产生应激，应激出现后，这个人就会开始有觉察地评估如何应对应激。从初始评估来看，会出现两种可能：或是认为面临威胁（典型的应激反应），或是认为造成损害或伤害。完成首次评估之后会继续进行第二次评估，在这一次的评估中，个体会考虑到自身拥有的用于应对应激的资源，以及在运用这些资源时可能会产生的影响。因此，这是一个建立在人和情境之间的特殊关系基础上的模式，在这种情境下，人可以觉察到具体需求可以被满足或超出个体拥有的资源，因此这种模式也称为相互作用模式。

应激的生物－心理－社会医学模式，强调了身体反应和行为之间的联系，并为我们提供了一些与应激反应有关的、用于减压的想法，在第六章中会对这些内容进行详细阐述。而其中属于行为的部分是可以凭直觉感知到的。作为紧急情况下做出的反应，应激会触发行为，少数情况下，这些触发行为是盲目且不理智的，但大部分情况都遵循重复性的个人行为模式。这就是所谓的"下意识反应"。在自然环境中，做出的应激反应都非常有用：因为这种环境中的危险都是类似的——比如可能是遇到了一只熊，或是一只美洲狮，或是一匹狼，所以做出的应激反应也是相同的。但在当今时代极为复杂的社会环境中，危险发生了变化，变成了可能是来自上司、下属、同事或是周围邻居的威胁，而这时如果再采用同一种应激反应来应对所有的危险，那结果就很可能适得其反。因此，**其中最关键的减压应对策略，就是在采取行动之前先停下来观察，让自己可以做出妥善应对，而并不只是做出简单的生物反应**。接下来让我们看一看，如何可以做到这一点。

压力与情绪是一种应激反馈

应激和痛苦

我们已经了解到，应激是身体和意识的交汇点，情绪在这里转变成神经冲动，一些激素的分泌水平也发生了变化，从而改变了机体平衡。一系列的行为模式也都因此而有迹可循。但应激都是不好的吗？

如果生活总是一成不变，没有挑战，那生活一定单调乏味。对动物来说当然没有问题，因为它们的基本需求已经得到满足，但对人来说不行，因为一个无所事事的人也会产生应激，这是我们人类特有的心理发育特征。所以，应激也有好的一面：除了可以让我们在生死攸关的紧急情况下有能力自救之外，还能帮助我们提高机体的运行效率，可以在一些特定情况下向我们提供额外的专注和力量。但这也只是在某个限值内进行提高，因为，从应激水平来看，并不存在更高的效率。这是一条呈钟形分布的曲线：随着应激的增加，机体的运行效率也会得到提高，一直达到某个临界点为止，这一过程在临界点处发生转变。在曲线的第二部分，身体出现不良反应，内心疲惫不堪，身体饱受前面提到的各种疾病的折磨。

我们常常会提到"压力控制",但实际上这种表述并不准确,因为这个词只是简单地表达出一种机械的方法,也就是人为采取的一种手段。我们可以控制外在事物,比如让人去把水龙头打开或者关上,但很明显,我们好像并不能自己控制自己。一个人可以自我克制,但他没有办法控制像是血压升高这类的生理变化,还有生理变化发生之后给健康带来的影响。既然应激意味着一种我们在不断努力想要重新对其进行引导的身体内部失衡,那么我们可以将"控制"换一个词来表达,即"调节"。这时,自我调节就是机体反馈机制产生的结果,通过这些反馈机制,无论我们做出的动作是否有效,我们都可以对情境进行评估并做出纠正。因此,应激的应对策略是指可以调节机体内部参数并使其回到平衡点的有效努力。在后面与情绪和应激反应有关的章节中,我们会再对自我调节进行详细阐述。

解释完应激,我们再来简单地对本节标题中的第二个词"痛苦"进行说明,这是一个在科学文献中消失了很久而今又重新恢复使用的词。压力催生痛苦,痛苦产生压力,这是没人可以逃脱的宿命。因为没有办法去准确衡量人的痛苦程度,我们只能衡量人的心理不适程度。我专门

压力与情绪是一种应激反馈

为此编制了一份分成几个部分进行调查的问卷,计划利用调查问卷得到的结果将减压技巧的有效性整理成文档并对其进行评估。然后我发现,在为期八周的正念训练中,焦虑、抑郁和攻击性等情绪缓解了约40%至50%[10]。心有恐惧是痛苦;身处悲伤或愤怒,也是痛苦。

疼痛和痛苦之间的区别很明显:后者是人整体的感觉,而前者只局限于身体某一个具体的部位。痛苦是一种失衡的生活体验:疼痛是生理层面的,情绪状态是心理层面的,而与之相关的问题体现在社会层面。

当事情不符合我们的预期而我们又不愿意接受这个结果时,我们就会感到痛苦,就像佛祖经常说的:"疼痛是必须接受的结果,而痛苦是自己选择的结果。"[11] **痛苦取决于每个人如何面对生活中遇到的、被感知为威胁的并使人产生应激的逆境。** 为了缓解生活中的压力,接下来我要向读者介绍一个强大的减压工具,也是这本书的核心内容,即"正念"。

---

10 数据来自 A. 马丁和 G. 加西亚·德·拉·班达的《健康心理学》中的"活在当下的好处:如何通过培养正念来减少心理不适"一章。

11 佛祖是一位天生的科学家,除了他自身的经历、他的思想和他的肉身,他没有使用任何其他工具来探索人痛苦的本质。经过他为静观研究做出的全身心的努力,才有了汇集无数大智慧的可以让人将自己从痛苦中解脱出来的"自救之书"。佛祖的这些偈语被总结在八正道中,其中的第七正道即为正念。

第三章

有多专注,就有多抗压

欢喜心不需要寻觅，它一直在那里，

减少欲望，放下执念，你就多了一分欢喜心。

你不必患得患失，只要随顺一切。

你心中的一切都只是心营造出的幻境，并不是真实的世界。

所以，放下我执；去除我慢，方得自在。

——根敦仁波切

在上一章中我们已经了解了什么是当代生活中提到的应激，包括应激的根源、作用和弊端。我们已经清楚应激可以转化成使我们没办法享受生活的问题。现在让我们来了解一下可以帮助我们减压从而以另一种方式生活的工具。这个工具就是正念，正念这一概念将随着我们的各种应用，贯穿本书始终。

正念，这个词听起来可能会让人略感奇怪，因此需要对这一概念做出一些解释。正念一词来源于梵文的 satti，英文翻译成 mindfulness。正念是一种全意识的状态，意识不是天马行空的念头，不是无法满足的欲望，也不是无法消除的恐惧，而是对当下这一刻的体验。我们先来看一下与全意识状态相反的另一种我们可能更熟悉的状态。

与正念的全意识状态相反的就是无意识状态。我们可以想象一个画面，一个人走在回家的路上，一边走路一边全神贯注地思考着工作中的问题。这个人身体里仿佛装了一台自动导航仪，他可以安全地走在路上，不会撞到路人，也不会被行驶的车辆撞到，但这时他的意识还停留在办公室中，回忆着、思考着，或是计划着。这种从日常体验中脱离出来让意识被其他事情占据的状态，就是与正念相反的无意识状态。

当一个练习正念的人在走路时，他会觉察到他的身体和周围发生的事情，从觉察走路时的感觉和感受周围的颜色、气味和空气，到专注环境的细节。他走路时可以意识到自己正在走路这个事实，就像是一个人在异国旅行，他所有的注意力都会放在当下正在发生的事情上。

毋庸置疑，思考的能力让我们可以轻松地驾驭我们身体中的这台自动导航仪。而在一个时间属于稀缺品的世界中，这种可能性也一定是有用并且有利的。但就像大脑的其他功能一样，如果使用得过于频繁，就会出现两个问题。第一，我们会失去与现实世界的联系，这可能会因为反应迟钝而导致发生意外，或是失去机会。第二，思考会让神经系统一直处于高速运转状态，也就是一直没有得到放松，这就会对我们的心理状态产生一定影响。

应激的出现往往是因为我们将注意力过度集中在威胁上，或者是集中在忧虑上，而这种精神状态会促使我们启动身体中的自动导航仪，让大脑一直将注意力集中在解决应激根源上。所以，如果要减压，那我们首先要做的是避免启动这个自动导航机制，学会让大脑暂停下来，暂时将问题放到一边，把意识带回当下。如后面的章节所述，培养正念，才可以帮助我们减压。

尝试去这样做的读者会发现，想要做到这些并不容易，因为身体里的这台自动导航仪经常会跳来跳去，而我们在"自动导航"这方面已经经过多年训练。所以，正念的培养是一个循序渐进的过程，一个人需要像学习演奏一种乐器或是练习一项运动一样来一步一步地训练出这项技能。我建议做一个简单的练习：选择一个在正常情况下需要以无意识的方式完成的日常任务，然后在接下来的一周或两周内，以正念即全意识方式来完成这项任务，然后看一看会发生什么。你可以在洗澡的时候，或是洗碗的时候，或是上班的路上，或是在健身房挥汗如雨的时候做这件事。接下来我会提供更多的线索，让你可以更好地理解这项练习，希望这对你有所帮助。

正如乔·卡巴金博士定义的那样，"正念是以一种特定的方式来觉察，即有意识地觉察、活在当下及不做判断"。正念的定义中已经很清楚地列出我们进行正念训练时所需的一些基本要素。首先是觉察，我们要有进行这项新技能训练的明确的意愿。其次是我们要处在当下这一刻，也就是我们生命栖息的地方。一个人可以发现，当他开始想别的事情的时候，意识就从当下这一刻抽离了出来。最后是不做任何判断，不管活动是否令人愉悦，不带任何其他目的：只是去做，去观察接下来发生了什么。我们在减压诊所中常说的就是，你不必一定要喜欢，只要去做就可以了。

既然必须将注意力保持在当下，就要引导注意力去关注当下这一刻正在发生的事情：身体感觉、声音、气味、情绪、情感，也就是身心的共同体验。不做分析，不做思考，只是呈现出它本来的样子（而不是我想要的样子），让那一刻就停留在那里。

当你开始进行这项练习时，你会发现觉知可以归为三类：第一类，是我们的想法、念头、回忆或想象；第二类，是我们身体的感觉，也就是五感之一；第三类，是我们的情绪，情绪会表现出以某种方式感知并以特定方式呈现出来的倾向性。如果我们将头脑比作一个马戏团演出场地，那么这三类觉知就是这个场地中三条圆形的运行轨迹，每条轨迹上都有或大或小的事件在不断发生，如图1所示。

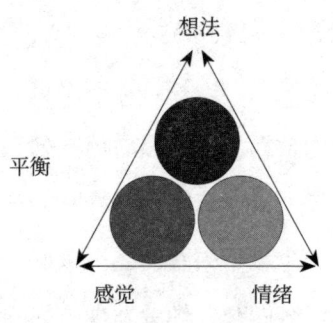

图1 觉知三角形图

这种对意识偏离的观察，允许一个人将自己的想法或感觉作为心理事件，而不是作为自我的一部分来加以辨别。通过这种方式，就可以观察到有三种相互关联的现象出现在头脑中，分别是：想法、身体产生的生理感觉、精神状态（情绪、情感等等）。

如果要培养正念，就必须即时地也就是每时每刻都要去觉察心理事件，但不做判断，或有所偏好。同样重要的还有不带任何目的地去观察这个过程，以包容的态度接纳所发生的一切，不执着于任何事；而在与之相反的自动导航仪（即无意识）状态下，头脑中的"念头"占据主导地位，让意识发生偏离，这时我们的心处于过去或未来，而错过当下正在发生的事情。

我用三角形图来表示这三类觉知，是因为这三者之间是相互依赖的关系。一种具体的感觉——比如饥饿，会让人很快就想到食物上去。然后这些念头会产生一种具体的情绪：如果你期待着去吃一些好吃的东西，这种情绪就是开心；而对一个食不果腹的乞丐来说，这种情绪就是难过。当你尝试这么做时，你会发现，你的意识以觉知三角形图中的想法、感觉、情绪三者中的任何一处为起点出发时，另外的两者都以协同方式配合作用。

在这三类的觉知中，哪一类觉知出现得最多？对我们大多数人来讲，是想法——我们的心里总是在苦苦思索："我想这样……我不想那样……我怎么才能做到那件事呢？我永远不会忘记……"所以我们的心才会如此的疲惫不堪，对吗？就像内心深处在进行一场永不停歇的对话，总有些事情会不由自主地冒出来。所以我们会发现，每次觉知的空间被念头占满，我们的意识就游离到过去或未来，也就是失去了与当下的联结。因此，**如果想要学会更多地生活在当下，你就必须牢牢抓住游移不定的感觉和情绪。**不要带着昨天的情绪或是明天的感觉过活：头脑中的这些意识轨迹一直运行在当下；你要掌控这些意识轨迹的运行方向。

在身体产生应激的情境下,能够将意识保持在当下是非常有利于缓解应激的,具体的内容后面我们会详细说到。不要等到不愉快的事情发生了才去尝试培养正念,这样做无异于等到船已经翻了才开始学习游泳,结果自然可想而知。因此必须有备无患,在日常生活中进行正念训练,这样才可以在日后身体产生应激时通过正念来减压。

当意识几乎完全被对未来的想象占据时,会产生什么样的情绪?你可能会担忧、着急、不安甚至焦虑。所有这些感受共通的基本情绪是恐惧,就是我们在上一章中提到的恐惧,是应激产生的罪魁祸首之一。未来本就是不可预测的,所以当大脑被对未来的想象占据时,我们的大脑就试图让未来变得确定,用脑过度就导致大脑一直绷紧并疲惫不堪。这并不是说一个人不需要花时间对未来进行规划或是为未来做准备,但并不是所有我们用在考虑未来上的时间都是实际有效的,关键是要看,在一个人规划他未来预期的过程中,他是感觉更好了,还是完全相反,不仅没变好,反而负担更重、忧虑更多。很明显忧思过度对我们来讲毫无益处可言,而且还会让我们丧失冷静地辨别轻重缓急的能力。所以，正念是一个可以让你回到当下的工具，在当下，你的忧虑会被维持在合理的范围内，会提醒你未来是不确定的、是虚幻的，而当下才是真实的。

相对地，如果你的意识被过去的纠葛占据，又是哪种情绪状态占据上风呢？伴随而来的可能是忧郁、悔恨、烦恼、悲伤、自责、遗憾或是其他类似的情绪，这些都是对我们没有积极意义的情绪。当然，除了这些负面情绪，一个人也会带着开心去回忆过去，但如果这个人沉溺其中，反复回忆过去，那他就会觉得当下这一刻是不如意的，过去的回忆才是美好的，这个时候就会感到悲伤。当大脑在探寻过去的事件时，会出现两种思维方式，即：反省式思维，或是反刍式思维。前者是在主观情感上与过去事件之间保持一定距离，使自己能够以客观理性的态度去思考，既考虑到其中的积极因素又考虑到其中的消极因素，以这种思维方式探寻过去事件，情绪状态会更多倾向于愉快，当然还是要看实际情况。而后者会扭曲对过去事件探寻的过程，这时思维的焦点完全集中在消极的一面上，主要的情绪是悲伤，而这会让一个人完全沉浸在自我批判当中。而更严重的是，在反刍式思维模式下，焦虑和抑郁两种情绪相互交汇，这两种情绪往复不断地折磨人，让人陷入巨大的痛苦中。而正念训练是引导意识停留在当下，不做判断，不被卷入因为过去的事情而产生的负面情绪的旋涡中，这非常有益于正视反刍式思维带来的问题，我们多次实验的结果也证明了这一点。

另一种与应激有关的情绪是愤怒，这是人处于威胁情境下做出争斗反应时的情绪。研究发现，愤怒给健康带来的影响，主要与A型人格有关，而属于A型人格的人的特点是性格急躁、有敌对倾向和无法放松。这类人格中最有代表性的例子，就是行为中表现出典型属于这类人格的"侵略性"特征的人。愤怒给健康带来的负面影响，再结合敌对倾向和侵略性的影响，就会引起心血管疾病，这已经成为当今社会越来越多人面临的问题。正念可以通过提高共情能力来减轻愤怒，因为共情能力可以中和敌对倾向。[12]

如果你认为应激并不足以构成影响你生活的问题，那另一个进行正念训练的原因就是正念与幸福感有关。你可以想象一下，如果一个人必须要去做一件会让他觉得愉快

---

[12] 具体内容可查阅 S. L. 夏皮罗、G. E. 施瓦茨和 G. 邦纳所著的《正念减压对医学和医学预科学生的影响》。

的事情——比如，在一个洒满阳光的冬日清晨沿着沙滩散步。你觉得怎样做才会感到更愉快呢？是当你练习正念时感觉更愉快，还是当你的整颗心都漫游在对其他地方或其他时刻的幻想中时感觉更愉快？很明显，与当下这些美好的时刻建立起联结，要更为吸引人，也更真实。我们可以再试想一下，如果一个人必须要去执行一个不那么让人愉快的任务，比如打扫卫生间，或者是熨衣服，你觉得这个时候正念对他来说有用吗？很显然，如果一个人执行一项有意识的任务，结果当然要比在分心或是生气的情况下做得要好。这是它的一个优点，当然还有很多其他优点。正念是指活在当下，不做判断，也就是说，如果打扫卫生间一共用了十五分钟，那这件事情在意识中也停留这些时间。也就意味着，在开始打扫卫生间之前我不会生气，因为即使我不愿意但我也应该这样做；而打扫完卫生间之后我也不会生气，因为卫生间一直很脏，或是有别的问题。如果我训练自己的意识觉察当下正在发生的每一件事情，就可以去除自己在开始做不喜欢做的事情之前可能会出现的额外痛苦，也可以免除在事情做完后将自己一直困在这件事情上并反复向别人讲述做这件事情的痛苦。也就是，把这个令人不愉快的任务带给我的不愉快，只限定在实际执行任务的过程中，把可能产生的痛苦降到最低。

在前一章中我们提到了应激的产生与两个因素有关，即：威胁和失衡。从某种程度上来讲，为当下这一刻提供支撑的正念中和了这两个因素中的未来威胁。我们也发现了关于失衡的用处。夏皮罗和施瓦茨描述的自我调节模式[13]，就可以用作证明这些益处的实例。这两位学者按照下述的连锁反应方式对健康进行了解释：

意图→觉知→联结→调节→平衡→健康

根据这两位学者的观点，专注于觉知的意图，既可以在内部建立起与个人现实之间的联结，又可以建立起个人现实与外部环境之间的联结。意图的作用，正如在正念训练中提到的，就是在当下的每一刻不做判断地引导觉察的方向。个体的内部现实和外部现实之间建立起的联结，有助于个体应激的自我调节和更好地适应日常生活中发生的

---

[13] 具体可查阅 S. L. 夏皮罗和 G. E. 施瓦茨所著的《意图在自我调节中的作用：走向有意识的系统正念》，以及保罗·R. 平特里奇和摩西·蔡德纳所著的《自我调节指南》。

有多专注，就有多抗压

变化。这样就会提高人们重新获得平衡的能力，从而减少应激给人们健康带来的负面影响。

想要在日常生活中练习正念的人，可以采用两种互补的方式开始练习。其中的一种方式，我们可以将其称为"非正式方式"，这种方式就是利用一些机会来捕捉当下这一刻，也就是关注当下正在发生的一切，有意识地觉察当下的感觉和情绪状态：觉察某些想法和感觉是如何出现的，验证这些与展现在我们面前的现实之间的联结程度。比如，当你在吃东西的时候，尝试把注意力集中在食物的味道、气味和口感上，不带有任何的情绪、感觉、回忆或想法，其间不会断开与食物之间的联结，也不会陷入到思考中。这周尝试安静地吃一餐饭，吃饭的同时进行正念练习；看一下当你已经觉得饱了的时候，食物会有什么其他的味道。慢慢去体会它。

另一种作为前述非正式方式的辅助手段的正念练习方式，是配套手册中涉及的正念训练。如果读者想要按照这个与我们在减压诊所中使用的相同的训练计划进行正念训练，那么，我建议可以分两种方式来阅读本书。如果是要减压，最有效的阅读方式是每周读一章，并在当周完成手册对应的练习，这样，读者自己进行的正念训练就与学员在减压诊所中接受的训练相同了。不过，如果读者被书中内容吸引，想在进行正念训练之前先通篇阅读，这当然也是非常明智的阅读方式。这样的话，读者可以在通篇读完之后查阅第六章（实践指导篇），然后按照训练计划开始进行正念训练。

我们在第一章（实践指导篇）中汇总了一些其他的关于正念的解释，包括一个缩略语表，这样读者在看到词条时就能想起对应的内容。希望这对你有所助益。

第四章

我们如何感知世界

人是被我们称为宇宙的这个整体的一部分，

在时间和空间上都有限的一部分。

对自我、思维和情感的体验都与世界的其他部分分割开来。

这是一种意识的视觉错觉。

这种错觉有如一个牢笼，

使我们局限于个人的欲望，

只对和我们最亲近的人怀有温情。

我们的任务应是扩大同情心，

去拥抱所有的生命和自然界中美好的一切，

把自己从这个牢笼中解放出来。

没有人能够完全到达这种境界，

但是对这种境界的追求本身就是一种解脱，

能使内心获得平静。

——阿尔伯特·爱因斯坦

引言摘自一封刊登在《纽约时报》上的诺贝尔奖得主的公开信，内容是对一位因大女儿去世无法安慰小女儿而饱受折磨的犹太教教士的回复。爱因斯坦，被认为是那个时代最聪明的人之一，他在信中阐述的表象并不等同于现实，给我们留下了关于他的直觉的精彩的论证。这种兼具了东方哲学思维的理解告诉我们，我们作为独立的个体感知到自己的存在，而在现实中我们又是相互依赖的。接下来让我们看一看，这种观点与应激之间有什么关联。

在解释应激的根源时，我们已经了解到，当人感知到存在威胁的情境时，身体就会产生应激。而且不需要真正面临威胁，只要产生有关危险的幻觉，就足以触发这一过程。大脑会产生滋长这种幻觉的想法，直到这种幻觉变得近乎真实，然后身体就会出现与其对应的症状。所以，应激形成过程中的第一步是感知。这一章我们将探讨运用正念、减少应激可以给我们带来哪些可能性。

直到不久之前，人们都还认为大脑是像一台处理器或是机器人一样工作。外部刺激引起神经冲动，神经冲动产生动作反应。这种模型与机械模型非常相似，并且在医学领域广受认同。但最近的一些实验改变了这种认识。瓦雷拉和他的团队已经通过听觉刺激证实，在感觉和随后引发动作的感知之间存在一个停顿，也就是说，先是受到声音刺激的神经元关闭，然后其他神经元被激活并刺激引发动作反应。[14] 这一发现印证了大脑的运行过程就是相继的认知活动间断性瞬间这一解释[15]，在这个过程中，大脑对某一现象的初次印象是中立的，然后进入另一个阶段，即概念阶段，在这个阶段会将这个现象进行对比，对比的同时会产生一种具有特定倾向性的情绪。这种在正常情况下会被作为指令执行的倾向性，可以为意志改变，从而导致出现替代动作。这一过程已经可以通过一种叫"脑电图"的技术来观察，这种技术的出现，使得人们对大脑的认识有了巨大的进步。

这一发现的有趣之处在于，它表明行为并不是自动的，其过程中存在一个可以对一种刺激做出不同反应的瞬间。我们只是在这里给出了一种生物结构，这种生物结构表现出人不受约束的特性，一种与前期条件作用共存的特性，而这些可能性受到过往经历环境的制约。这些我们后续会讲到。

---

14 具体实验内容可查阅 D. 柯尔曼所著的《毁灭性的情绪 与达赖喇嘛的科学对话》。
15 具体内容可查阅 F. 瓦雷拉、T. J. 埃文和 E. 罗施所著的《心智的体验性：具身心智认知科学和人类经验》。

感知世界的方式

但在我们了解大脑如何对条件进行反应之前,我们先来看一下与感知相关的神经系统运转的其他例子。

图中左侧中心的圆的面积比右侧的更大吗?

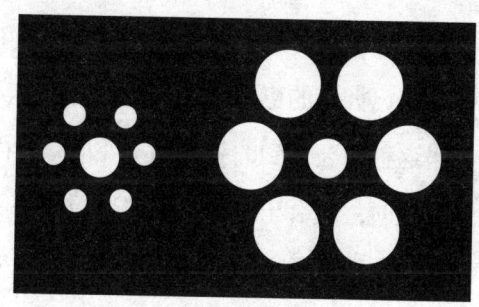

两个圆的面积是一样大的,但环境决定了对其大小的感知。比如说,一份薪水、一个工作职位或一所房子看起来是好是坏,取决于你的邻居或朋友的条件如何。或者,我们把它和预期进行比较,这样,事情看起来是好是坏,就要取决于一个人的期望值是高是低。下面是前文提到的试验的两个步骤:

1. 感觉,物体的大小。

2. 认知,比较性判断,判断过程中会产生愉快或不愉快的情绪，而这种情绪可能会导致一系列动作。

但预期建立的依据是什么？是建立在一个人自己所需的基础上吗？或是建立在他人所拥有的基础上？或者，总是将自己得到的与他人拥有的进行比较是有益的吗？

从减压的角度来看，我们可以肯定的是，如果可以让预期激励自己发挥出最好的一面，那么拥有较高的预期或是关注那些比自己拥有的更多的人，就是合理的，是有适应性的。但当这种想要得到的强烈渴望变成一种内在或外在的强制性责任时，就会出现对失败的恐惧或是困难面前的愤怒，同时出现让人讨厌的应激。因此，知道如何设定激励性的目标非常重要，比如，要清楚在什么时候因为情况发生变化而不得不放弃目标，在什么时候又因为与努力不成正比而必须要放弃目标，或是在什么时候因为已经偏离了正确的方向而只能放弃目标。

我们在下面列出了一些在第一章（实践指导篇）中可以查阅到的正念原则的应用：

1. 在确定了自己的目标后，你会产生什么样的情绪和感觉？是积极的、受到激励的，还是感受到了紧张和对失败的恐惧？

2. 一旦确定了目标，你就可以带着正念专注于为了实现这个已经确定下来的目标而开展的过程或工作，耐心地（每时每刻）、秉持着开放的态度（考虑涉及的影响）去实现这个目标，对自己充满信心，并坚信有无数种可能。

3. 清楚自己的极限在哪里，观察在追逐目标的过程中是否产生了积极的情绪，如喜悦、信心或充满活力，或是与之相反，产生了消极的情绪，如焦躁、愤怒或挫败。

4. 如果你发现情况发生了变化，应激产生负面的反应，或者是应激产生的负面反应没办法消除，那就做好准备改变或是放弃这个目标。

要记得，人生中的这些目标的价值，在于它们可以成为引导你朝着某个方向努力的参照，而不是因为目标本身是否有特殊的价值。你总是可以在正确的方向上设定一个新的目标，你需要做的是根据当时的情况沿着正确的方向继续前行。

我们再来看另一个例子。请尝试用四条直线将下面的九个点连接起来，不允许折纸，要一笔画完，中间不能有间断，不能经过重复的点。

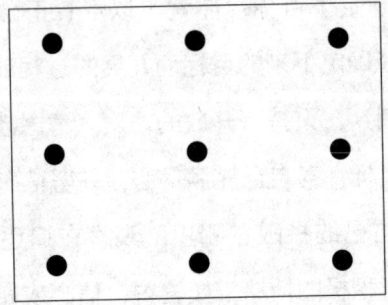

　　这个题目并不简单，并且可能会让人产生挫败感，但你可以试着注意自己有什么样的感受、有什么样的情绪，在可以解决或没办法解决这个题目时分别会出现什么样的身体感觉。你可以在本章结尾处找到题目的答案，但在查看答案之前，再尝试一次。放松地呼吸，试着练习正念，看看这样做之后心理紧张程度是否有所变化；试一试你是否能以另一种方式面对挑战，就像是玩一个游戏一样。这并不是说这样做了之后解决问题的方法就会变得更简单，实际上心理紧张往往会妨碍我们解决问题，这样做的原因只是以另一种方式轻松简单地生活。（如果你想放弃，或是想去查看答案，你可以直接翻到本章结尾处。也可能你已经找到了另一种更有创意的解决方法。）

这并不是一个容易的过程。大脑将这九个点解释为一个正方形，并在这个已经设定的行动框架内来寻找解决方法。看一下在你的各种尝试中，是在正方形外部起笔，还是只是局限在正方形的内部画来画去。你可能已经发现，如果不跳出这个"框架"，就没办法找到解决的办法；如果想找出复杂问题的解决办法，那就必须跳到惯性思维之外去探索。

这个题目有着深刻的寓意，在我们的生活中也存在着这样的框架，而且是隐藏的框架，这些框架决定了我们在面对一个问题时会做出何种反应。我的隐藏的框架与我接受的教育有关，在这个框架中我被告知什么可以做，或是什么不可以做，我是有着一个不断受到鼓励的童年，还是一个处处受到限制的童年。我的另一个框架可能是我的信念或观点，它们在某种程度上决定着我如何看待生活，并建立起特有的反应模式。我并不是要说信念不好；我相信在有些情况下信念是有用的，但在其他很多时候，信念是一种限制。信念并没有它看起来那么牢不可破。哥伦布敢去挑战地球是平的这一信念，然后才发现了美洲大陆。爱因斯坦敢去思考人类不是独立的。以盖娅假说[16]理论为例的现代生态学，越来越强调生物之间的相互依存。如果我们真的认为所有的生命都是相互依存的，那么不是应该用一种不同的方式来解决当前的这些问题吗？会这样说并不是毫无根据的，我们都在这艘名为地球的宇宙飞船上旅行。如果大气层发生变化，那我们就会一起吃下这颗恶果。

爱因斯坦和佛祖都提到过，这种身份幻象，就是一种在感知世界时发挥着非常强大作用的隐藏的框架。看看我们加诸我们所处的外部世界的价值："我的"城市、"我的"家庭、"我的"团队、"我的"工作、"我的"衣服、"我的"车，所有这一切都有一个特殊的价值，因为它们前面有一个表领属的限制性词语"我的"。当一件衣服挂在服装店的衣架上时，它可以被任意批判，但如果这件衣

---

16 盖娅假说是一组生物圈的科学模型，它假定地球上的各种生物促进并维持生物生存所需的条件，影响生物环境。按照盖娅假说，大气和地球表面形成一个生命有机体，这个生命有机体最有代表性的组成部分——地球上的各种生物调节着地球上的基本条件，如大气温度、化学构成和海水盐度。盖娅像是一个自我调节系统（趋向于平衡）。这个理论由化学家詹姆斯·拉夫洛克在1969年提出（但发表于1979年），并得到生物学家林恩·马古利斯的支持和共同推进。拉夫洛克和作家威廉·戈尔丁提到这个假说时正在进行假说的研究，威廉·戈尔丁建议这个假说的名字可以叫盖娅——古希腊神话中的大地女神（Gea 或 Gaya）。

服变成了某个人的，对这件衣服的批判就会让这个人感觉受到了攻击，而实际上衣服和这个人是完全不同的两个个体。一辆被街边流氓刮坏的汽车，在美观和经济上都会受到一定的影响，但如果它是"我的"车，就会给我带来巨大的情绪上的影响。这种隐藏的框架，除了限制我们对世界的感知外，往往也是应激或痛苦的一大根源。

认真且不做判断地去反思一下你的某个惯性思维问题，即那些在你日常生活中以这样或那样的方式反复出现的问题——工作上的事情或是和人际关系有关的事情，并想一想是否存在限制框架或条件作用模式。试着跳出这个框架来考虑其他的选择，比如平心静气地和某个朋友聊一聊，去了解另一种视角和观点，这样也许对你会有所帮助。

另一个感知偏差就是所谓的"归因偏差"[17]，这种偏差与我们把某一具体的结果进行归因有关。比如，我以一个项目为例，这个项目是我上司交给我的工作任务之一。一般来讲，项目结果的决定因素包括：一些内在因素或是与我本人相关的因素，比如我的态度、投入程度、计划、认真程度等等；一些外在因素，比如领导给予我的支

17　具体内容可查阅 S. 罗宾斯所著的《组织行为学》。

我们如何感知世界

持，市场、供应商给我提供的资源，其他部门的支持，等等。我们假设这个项目做成功了，那么，我的上司一定会认为外在因素（比如她的洞察力和支持）是项目成功的根本原因，而我之所以能做到只是因为有了这种天时地利的优势。相反地，如果项目没做成，我则很难解释说失败的主要责任是外在因素（比如市场因素，或是组织内部缺乏支持），因为我的上司会说是我的态度决定了项目成功与否。这看上去似乎很不公平，但有很多的科学证据都表明，人都存在这样的基本归因偏差：我们根据责任与个人之间的关系将责任进行归因，当事情进展顺利时，我们认为功劳是自己的；而当事情进展不顺利时，过错则是别人的。这就是为什么当事情进展比预期差的时候，批评的声音会更多，而当事情好转时，溢美之词更常见。从中立的观点来看，比如对在一家处于成长中的公司里的成员，更应该去赞美鼓励而不是批评挑剔；但实际的情形是，批评总是多于赞美。培训咨询师的任务之一，就是指出认可和积极反馈的价值，以此来激励人们。

所以，当你的上司以不公平的方式对待你的时候，首先你要想一下，他的话是否有一定的道理——自我批评是最有力的学习工具。如果你反复思考之后发现问题的责任与你完全无关，那么，不要责难自己，然后放松下来。这就是一个很简单的归因偏差的例子。但有些人的这种归因机制因为自尊问题而完全颠倒——失败是自身因素导致的，而成功则是属于别人的。这仍然是一种感知偏差，因为这种归因完全是基于情绪状态，而不是基于事情的真实情况。

不要认为只有你的心理会受到影响，还要注意你的行为，因为这种影响是双向的。作为一个父亲，我已经多次意识到，虽然有点晚，我一直在以一种错误的方式对待我的孩子，我的批评明显要多于赞美。我们自己承受着基本归因偏差，但又把这种基本归因偏差加到别人身上：我们不能忘记爱因斯坦所说的相互依赖。

让我们再深入探讨一下外部因素和内部因素。比如，如果我因为下雨而被淋湿了，我可以把责任归结到外部因素上，比如归结到下雨上（"这是什么破天气！"），归结到没有预报这种天气的人上（"他什么都不知道！"），归结到打不到出租车上（"真是莫名其妙，连车都打不到！"）或是归结到我妻子身上（"她就应该今天去把车取回来！"）。你可能并没有注意到，抱怨其实就是一种应激源，会使血压升高。但如果我觉察到问题其实属于内部因素，那可以看成是，被雨淋湿让我感到了困扰，因为我在出门之前没有时间看天气（"现在是十一月了！"），所以被雨淋湿，而这会影响我的形象。这样，我的关注点就被引导到寻找这个问题的答案上，这就可以避免产生应激。或者是可以这样想，如果我已经没办法躲开这场雨了，那我就带着接受的态度去感受这场雨。也就是说，让我产生痛苦的并不是下雨这件事情，而是因为我没有对下雨做出适当的反应。在第六章中我们将会详细讨论这个问题。

另一个感知机制作用的例子是错视画，下图所示的就是一幅错视画。

在继续向下阅读之前，仔细看这幅图，看一下你可以在这幅图中看到什么。耐心一点，看看你是不是还有一些其他的发现，要有意识地将注意力集中在图上，这样你的

另一种感知才可以发挥作用。

在这幅图中，两个人物形象以一种不可思议的方式共存（如果你看不出来有两个人，可以查阅本章结尾给出的示意图）：从后面看，是一位年轻貌美的少女的形象；从侧面看，是一位老妪的形象。两个人共用图中的外套和其他元素。当我在培训课堂上用这幅画进行练习的时候，非常受欢迎：可以先做一些关于其中一个人物形象的描述，来限定培训学员的视角。有些人可能只能看出其中的一个人物形象，这时如果和他们探讨图中的另一个人物形象，他们会有一种被嘲笑了的感觉。我们经常会找两个意见完全相反的人到讲台前来进行辩论，看看哪个更有道理。

这个练习，可以让我们得出几个关于视觉感知的结论，根据这些结论，可以推断出整体感知。第一个结论是，对事件不是只有单一的一种感知，而是不同的人看到不同的事情。换句话说，对现实的感知过程并不是简单的感觉或知觉的过程（独立），而是感觉"与"知觉共存的过程，所以，对一个事物的感知可以影响到对其他事物的感知（相互依赖）。因此，将感觉与知觉过程结合的"与"是感知过程的关键。为了解决分歧而进行争论，不仅不能使双方之间相互理解，反而因为各自坚持立场而让局面僵化。因为当我们感觉受到攻击时，我们的兴趣就被转移到维护自己的观点上，而不是去考虑对立面的可取之处。这是小范围应激反应产生的结果。

然而，当兴趣出现时，保持平静，并且不做任何判断（回忆一下培养正念的原则），你就可以觉察到对外物的感知，然后看到可以做出多种解读的现实。对于解读现实的人来说，任何一种解读都有基于其自身事实的出发点。一个正念观察者不会认同他自己的观点，因为他知道这只是一种感知，并不是他自身认同的基础；这样，即使他的观点并没有被群体接受，他也不会产生痛苦。当我们的观点和其他观点发生碰撞时，正念带给我们更多的灵活性，让我们能够在面对不断变化的与现实有关的观点和感知时保持平静。

从感知到行动

正如我们在本章的开头所述，对情绪的解读是动作的触发器。如果我将某句话感知为侮辱性的，我会愤怒地做出反应；如果我将同样一句话感知为胡言乱语，那我就可以付诸一笑，毫不在意；如果我将这句话感知为一种嫉妒的表现，我甚至可能会笑容满面，觉得受宠若惊。下面我们就来看一下如何进行感知，为什么感知不是各种行为的根源。如果一个人一直努力寻找感知现实的各种可能性，那么这个人就能更好地理解事实。除此之外，各种感知还提供了与这些感知对应的行为可能性，人们可以从中选择出最符合我们在生活中的兴趣或目标的行为可能性。

继续以前面提到的例子为例，如果我刚刚在会议上提出一个方案，我的一位同事就语带讥讽地否定了这个方案，无论我是笑脸相迎或是怒目相对，都不会帮助我得到他的支持。而如果我认为这位和我对话的人是在攻击我，是因为他觉得我的项目会威胁到他的位置，那么我就可以考虑结合方案中的某个与他有关的要素来减少这种威胁。如果我清楚地知道他具体反对的是什么，就能重新考虑他的建议，避免权力斗争，或者也许可以提供合作，因为这样让事情变得更加容易的可能性才更大。

在了解了与正念减压有关的感知过程之后，我们再回到"行动之前停下来看一看"这个概念。这是一个最基本的减压教学法。学会在刺激和反应之间制造一个停顿，这个停顿让你能够更好地利用你的内在资源，避免产生反应。当你身处预料之外的、对你不利的情境下，停顿那么一瞬间，让自己去探索其他可能的感知。不要接受第一个出现在你头脑当中的解读。问问自己："它看起来的样子就是它真正的样子吗？可不可以换一种方式来解读呢？"试着真正理解对方的理由。"理解"并不意味着"妥协"，也不意味着"给出理由"。如果可以，问一问和你对话的人的真正意图，而不是你自己进行解读。保持开放的立场，同时暂时不做判断；也许你就可以捕捉到其他的感知。要记住，自由源于持有可以决定哪种行为最符合当下这一刻的需要的不同观点。

如本书前面提到的，应激源于对威胁的感知，并刺激引发一个自动执行的具体行为。动物有两个维度，那就是感觉和情绪，而对于我们人类，要再加上思维和信念，而这在某种意义上决定了我们的行为。下面就让我们来具体了解一下。

举个例子，比如，两个医生在同一个医疗中心为相同的人群提供咨询。其中一个叫塞韦罗，是一个严肃而又非常有能力的专业医师。这位医生确信他的很多病人并没有按照他给出的饮食建议来注意日常饮食，所以这些病人反复地向他咨询相同的健康问题。这让他感到非常沮丧，然后他在对待这些病人时就有些冷漠：他完全知道每个病人接下来要说什么。因为他们每次说的都一样，所以他为什么要听他们反复说同样的话？于是，他经常会打断病人说话，甚至责怪病人不约束自己的饮食。这样做的结果就是这些病人非常生气，并和家里负责家务的妻子抱怨医生的态度，而且讲述过程中还会增加很多细节来说明医生有多么的傲慢无礼，但对医生的建议却置若罔闻。这样下来，由于改变饮食习惯是一件非常困难的事情，所以这些病人几乎都没什么好转。就这样，几个星期后，同样的问题再次出现，历史又重演了一遍，这就可以确定塞韦罗医生的信念是不愿意和病人相处，而这种信念使得他在面对病人时态度十分生硬。

贝尼尼奥医生的办公室在顶楼，他也同样是一个非常有能力的医生，但他待人更和蔼、更亲切。他会非常认真地倾听病人的心声，让病人觉得受到了重视。当病人讲完自己的情况之后，这位医生就会给出一些非常准确具体的建议，建议中还会考虑一些病人在自己讲述的情况中的元素；除此之外，这位医生还会表示他相信病人可以做到他给出的这些建议，而长此以往这类长期的症状就会逐渐缓解。即使病情反复，他仍然亲切地对待病人，再鼓励病人调整饮食，这样任何问题都会迎刃而解。于是，这些病人带着感激之情离开，这种感激激励他们按照医生的建议饮食（"医生对我真的是太好了！"一个病人对妻子说道，"现在你要按照这种方式做饭……"）。这样，他的病人在就诊一次或几次之后，就都恢复了健康。贝尼尼奥医生用他的信念证明，一个病人所需的，是在其病例基础上给出的清晰明确的指示和可以促使其做出有利于健康的饮食改变的情感支持。

矛盾的是，从他们的经验来看，这两位医生都有其各自的道理，因为病人的结果印证了他们开始时的预期。医生开始时的预期决定了医生和患者的行为，从而促使其信念得到确认。下图为由英国心理学家布雷热做出详细解释的反应圈[18]，我们在图中就可以看到这个过程。

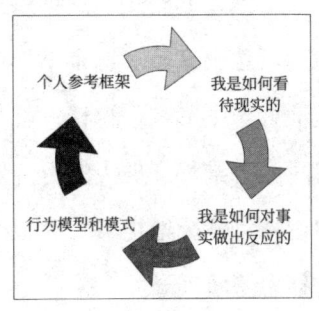

图 2 反应圈

我们播撒什么样的种子，就会收获什么样的果实。信任他人的人往往也容易获得他人的信任，反之亦然，我们也不会信任那些总是不信任他人的人。从这个反应模型中，我们可以得出一个有价值的结论，那就是我们感知现实的方式决定着这个现实。正如我们在第二章中了解到的与应激有关的内容，应激的出现取决于人和情境之间的关联。在这里我们就清楚了人的反应是如何对这种关联产生影响的。

由此推导出了个人发展哲学的中心思想，也是应激

---

18 具体可查阅 C. 布雷热的《佛教心理学》。

的基础：**改变别人的行为是件非常困难的事情，我们只能改变自己的行为；我们只能试着用另一种方式与他人相处。**这需要改变一个人对他人的感知。这种感知变化的结果，将会以不同的情绪表达出来——这是下一章的重点，而这些情绪又会对其他人产生影响。这样，就有可能像我们预期的那样，随着时间的推移，他人的行为发生了变化。这就意味着，阿尔伯特（爱因斯坦）"大叔"没有被他自己"相互依赖"这种想法所误导。

九点四线练习题的建议答案

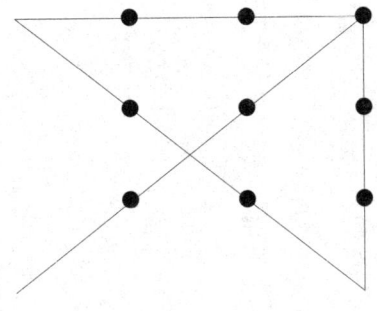

少女和老妪

少女　　　　　　　　老妪

我们如何感知世界

第五章

走出情绪困境

任何的情绪
都有秩序地遵循一个模式，
服从命令，
认真地诠释生活。

情绪总是想要告诉我们，
经过它审视后观察到的现实
是值得回味的、是突然而至的。

它有公理之严谨，
但又不仅有公理之严谨，
它坚定不移地推断，
它不像蹩脚的道理那样摇摆不定，
也没那么贫瘠、笨拙、模糊不清。

——卡洛斯·鲍萨诺《关于痛苦的调查》

我们已经知道了感知先于动作并决定动作，但它不是直接产生行动，而是通过一种有力的媒介——情绪控制行动。情绪这个词源于拉丁语的 emovere，意思是"使运转，使运动"。我们将要在这章中谈到的情绪，既影响着机体内部功能的运转，又影响着行为的外在表现。虽然一直到不久之前，情绪都并未引起科学的重视，因为情绪太过主观，没办法准确衡量，但现在情绪已经成为神经科学领域最感兴趣的问题之一。

根据被授予阿斯图里亚斯王子科学技术研究奖的神经学家安东尼奥·达马西奥于 2005 年做出的解释，情绪有两个生物学功能。[19] 第一个是对诱发情绪的情境产生特定的反应，也就是协调产生一个具体的行为——比如，对洞熊的恐惧会诱发一种想要逃到一个安全的地方的自动反应。第二个生物学上的原因与身体以及情绪如何调节身体内部的功能来应对身体做出的特定反应有关。因此，情绪起源于内心，但协调着身体和行为；那么，情绪在应激中占据着主导作用也就不足为奇了。

情绪在艺术领域得到的关注要远多于科学领域的。意

---

[19] 具体可查阅安东尼奥·达马西奥所著的《感受发生的一切》。

识到情绪在生活中的重要性的作家，对情绪进行观察、体验，并尽其所能地对情绪进行描述。在这章中，我会从两个方向出发来对情绪做出解读：第一，我会着重阐述情绪是协调身心和引导行为的作用方式——这里对于不同于情绪的情感，我会略过不提，根据何塞·安东尼奥·玛丽娜的观点，情感是在特定的文化框架中对情绪的觉知。[20]第二，我会将研究范围限定在前几章中提到过的和应激有关的四种基本情绪中。

---

20 具体可查阅 J. A. 玛丽娜所著的《情感的迷宫》。

四种情绪困境

惧：恐惧

我们在书的开端曾提到过，应激反应是争斗或逃跑，所以我们先就引发产生逃跑反应的恐惧来开始解读情绪。如何才能识别出身体内的恐惧？我们可以通过身体的反应来判断，比如战栗、躁动、忐忑、肩背和颈部僵紧、冷汗、呼吸加速和胃痉挛。这些都是典型的伴随逃跑反应而出现的症状，此外还有停顿。恐惧的功能与危险的识别有关，在面临危险时，最简单的反应就是躲避或逃跑。停顿遵从在面对捕食者时的潜藏本能，这是另一种躲避危险的方式，试图去忽视将要来临的危险。到这里，这些都属于我们在动物模型中做出的反应，接下来让我们看一下在这些反应当中，心理层面都发生了什么。

我们已经在第三章中看到了觉知的三角形图，从图中可以看出，情绪与一些具体的感觉有关，会促进形成某些特定的内心想法。当心理上出现恐惧情绪的时候，这些内心想法的焦点全部转向恐惧的根源。情绪的强烈程度决定了大脑在这件事情上的集中程度。所以，接下来产生的心理活动都有一个共同点，那就是躲避。然而，人们通常认为这些内心想法都是理性的，是最合乎时宜的，而实际上这种所谓的理性可能主要是恐惧情绪作用下的结果。

我们可以肯定，恐惧无疑是人能够生存下去的关键情绪，因为有了恐惧，所以我们就想要做出计划，做好准备，保护自己，保护我们所爱的人，这会帮助我们摆脱困境。但恐惧应该是有限度的，过度的恐惧会导致产生其他的情绪，我们将这类情绪称为"次级情绪"，比如烦闷、焦躁、不堪重负、神经质、犹豫不安或不信任。在应激的环境中，恐惧会转变成焦虑，当这种心理情况不断加剧时，最终会变成惊恐发作。当恐惧不断吸收身体内恐惧本身的症状并且让人以为他面临了严重危机时，就会发生这种情况。

恐惧也是非理性行为的根源，比如没有耐心、急躁、完美主义、顺从、无法做出决定、过度风险厌恶、强迫型行为，此外还有说谎或欺骗。有些情况下恐惧会转变成愤怒，像在无法从危险中逃离的情况下，比如前面举出的男孩在面对洞熊时的例子中，这种愤怒就是正面的；而如果把对老板的恐惧转化成工作环境中的攻击性，这种愤怒就是负面的。接下来让我们看一下，在愤怒或生气的情况下会发生什么。

怒：愤怒

愤怒是另一种典型的与应激有关的情绪，这种情绪在身体中表现出的症状与恐惧非常相似。它们最主要的区别可能在于愤怒会形于外，比如在必要时咬人，手臂进入备战状态。因此，愤怒会极大程度地激活机体，因为这样才可以在争斗中准确判断出敌人的进犯。

"可愤怒在我们的日常生活中有用吗？"有人可能会这样问。答案是肯定的。如果我们在生活中没有一点愤怒，那么，我们就没办法在不想要的时候说"不"，失去竞争、超越自我或在危险来临但无处可逃时奋起直上保护自己的勇气；我们就不能在面对不公时站起来反对，也没有办法捍卫属于我们自己的权利，保护我们的爱人或是我们的物质财富。愤怒也是人能够生存下去的重要情绪，它决定了我们在面对问题时表现出来的行为。那在什么情况下愤怒才是合时宜的呢？当然要具体问题具体分析。有些情况下，需要你迎难而上，勇敢地面对困难，这时愤怒就是有用的，而在另一些情况下，可能需要更多的谨慎、筹划乃至交际手段，这些正是愤怒这种情绪下所欠缺的东西。但尽管如此，在愤怒不可避免时，一系列的能够证明我们有意愿马上直面问题的想法就会下意识地出现（"完全不可理喻！那个家伙应该听我的！"）。谁没有体会过这种情绪呢？而且一定有不止一人曾经写过煽动性的电子讯息，其言外之意还制造出额外的问题。谁没有经历过在对某个人说了几句风凉话之后就开始后悔自己莫名其妙的反应然后找借口为自己辩驳的事呢？

愤怒可以使我们产生其他次级情绪，比如焦躁、气恼、攻击和挫败。攻击性行为会畸变成独裁、不容忍、吹毛求疵、过分苛求或极端暴力等表现。

除此之外，愤怒还会孤立个体；那些经常生气的人很难相处，所以我们都会尽量避免和他们相处。而当愤怒过度时，可能就会出现心血管疾病，或产生其他相关的情绪失调，如抑郁症。

哀：悲伤

与从恐惧到愤怒之间的自然转移作用相同，当你既躲不开危险又战胜不了它时，悲伤就会出现。这种情绪会激活一种"节能"的模式，这种模式的特征是身体出现胸闷、精神不振、喉咙卡住和整体的压抑感。

悲伤是一种非常多产的情绪；但为什么会用"多产"这样的词来形容悲伤，可能很多人会不理解。这种情绪是无数伟大的艺术作品的灵感来源，因为它促使人进行反思和内省。这样的态度使我们能从错误中总结经验得到成长，促使我们去寻求帮助，还能让我们在必要时得到帮助，最重要的是它能让生活不幸给我们带来的心理创伤愈合。

悲伤会导致很多次级情绪出现，如忧郁、怀念、怜悯、惋惜、思念和敏感。产生这类次级情绪的这种行为模式，与关心自己、关心他人或受到关心有关，而同时头脑还在思考、加工整理并内化所发生的事情。整个过程对人的全面发展来讲非常有益，但正如我们已经了解的那样，如果超过一定限度，也会发生畸变。过度悲伤会导致麻木、冷漠、失望或是绝望。如果长期悲伤，就会出现病理上常见的抑郁症，这是一种身心障碍型疾病，在我们的生活中发病率非常高。

值得一提的是，正念训练可以有效地降低复发性抑郁症患者的复发概率。这种特殊的训练被称为 MBCT（正念认知疗法）[21]，训练中包括一些专门针对抑郁症患者设计的应用。

除此之外，也有研究人员为抑郁症的适应价值进行辩护，他们认为抑郁症是一种自然进化机制，有助于人们改变看待世界的方式，并将行为导向不同的方向。这些研究人员认为，无论抑郁症以何种生理机制运转，其根源都与一个人的行为和其深层次的个人价值观之间存在的差异有关。[22] 这个观点最有意思的地方在于，**它将抑郁症看作一个重新建立起生活目标和个人价值观之间平衡的机会**。这里所说的悲伤的价值是反思的空间、是反思的机会，而不是简单地认为抑郁症是神经系统化学物质的代偿失调，所以需要长期依赖药物发挥作用。但这并不代表针对症状给出的治疗方案的药物一点用处都没有，而是说只依靠药物

---

21 具体可查阅 J. 蒂斯代尔、Z. Y. 西格尔、M. 威廉姆斯、V. 里奇韦、J. 索尔斯比和 M. 刘的《通过正念认知疗法预防重度抑郁症的复发》。
22 具体可查阅 V. 西蒙发表在《抑郁：现状》中的《抑郁是一个机会》。

并不能完全治愈。所以，抑郁症正在演变成一种慢性病。

　　悲伤和前面提到的恐惧、愤怒这三种情绪，构成一个消极情绪组。之所以这样命名，并不是因为对人来讲这三种情绪本身是消极的、负面的——正如前面提到过的，基本情绪在生存中扮演着重要角色，而是因为它们给我们带来了一些我们避之唯恐不及的不舒服的感觉。与之对应的是，生物学还给了我们另一种积极的情绪，让我们可以应对这些消极情绪，那就是：快乐。

喜：快乐

快乐主要是一种整体上放松和胸腔舒展的感觉。快乐的时候，会面带微笑，面部放松，并渴望持久的身体接触，有拥抱、分享、大笑、唱歌、玩乐、跳跃的欲望。快乐为幸福奠定了基础，这是一种当下时刻的充实感，一种与现实之间的联结感，更是一种不需要做出任何改变满意于现状的愉悦感。

快乐可以促进人与人之间的交往，让人欢欣鼓舞、发现美好、热爱生活。如果一定要用一句话来总结，那我们会说快乐可以帮助我们成长、滋养我们的心灵和促进我们全面发育。如果孩子可以生活在一个快乐的而不是消极情绪肆虐的环境中，环境就会促进他们的身心发育。这一点已经得到了非常有力的证明。快乐是爱的基本情感，可以理解为对所爱之人的幸福的渴望。这些积极的情绪对健康有有益的影响，正如罗森克兰茨和他的团队证明的那样[23]，他们观察到，在产生积极的情感状态时，免疫系统的反应得到加强，这与产生消极情绪时的结果截然相反。

---

23 具体可查阅 M. A. 罗森克兰茨以及其他人所著的《情感风格与体内免疫应答：神经行为机制》。

当我们开始在日常生活中运用正念时，就可以每时每刻都觉察到情绪的出现和消失。负面情绪消失当然让人感到开心，但如果快乐也因为情况的变化而一起消失，这种结果自然不会被人们心甘情愿地接受。也许正因为这个原因，人们总是想要借着回忆过去重温那种快乐，但并不是每次都能如愿以偿。另一种做法是以人为方式来寻找快乐；或者是制造对未来的幻想，而这些幻想很可能都是无法实现的奢望；或者是消耗能给我们带来欣快感的物质，比如酒精。

过度依赖快乐无益于健康，而且还会阻碍你对前文提到的其他情绪的优势加以利用。如果快乐过度，或是通过人为的方式获得快乐，人就不会再计划未来，不会再正视问题，也不会反思失去的东西；而且还可能会导致对他人的痛苦缺乏感同身受，或是给人一种傲慢的感觉，比如那些刚愎自用的人，或是那些取得一点成绩就扬扬自得、骄傲自满的人。

情绪调节

在介绍了这四种基本情绪之后,我们可以总结出两点内容:第一,每一种情绪都有它的用途,有有益的一面,也存在让我们产生畸形行为的危险;第二,情绪让我们对生活的体验变得更丰富多彩。

将正念运用到情绪上,就可以不断开发我们的情绪智力,而且还可以让我们在情绪滋生的那一刻就觉察到情绪的出现,并且能够发现情绪与其出现时的事件之间的关联,这样我们就可以判断身体表现出的行为是否恰当。

除此之外,情绪还是一种处于两个层面上的学习机制。首先,消极的情感状态是让人不愉快的,所以为了生存,这些情感状态会引导我们表现出可以发泄情绪的动作;而积极的情感状态是让人愉快的,所以就会引导我们的行动表现出这些愉快。其次,情绪与记忆有关,人们根据事件出现时的情感强烈程度将其归档在记忆中。比如,我们很多人都清晰地记得当马德里"3·11"连环爆炸案[24]发生时我们正在做什么,但却不会同样这么清晰地记得这个月的其他任何一天。情绪会激发出和它联系更密切的回忆,以

---

[24] 2004年03月11日发生在西班牙马德里的伊斯兰恐怖袭击,在这次恐怖袭击中,共有191人死亡,超过1700人受伤。

及由情绪本身产生的思绪。所以，一个沉浸在抑郁中的人只会记起他生活中悲伤的片段，一个被愤怒蒙蔽双眼的人想起的多是侮辱，而一个心怀恐惧的人总是会想起同样的危险。

　　我已经提到过，情绪会激活身体的一系列机制，独立于人的意志或人对情绪的觉知，所以无视情绪并不能让我们摆脱情绪产生的影响。当你不由自主地感受到某一种具体情绪的时候——不依赖于意志，一味地抑制也不是好的解决方法——因为情绪的负面影响会增加人抑制情绪的额外压力，所以，还留给我们多少种选择呢？答案只有一个：以适当的方式把情绪表达出来，或者换一句话来说，就是对情绪进行调节。

　　可以通过一次表达来开始进行情绪调节。感受情绪，感受所有情绪，只要去感受，就总会有所收获，这是那一刻现实的一部分，可以给我们提供有价值的信息。但觉察情绪并不是让情绪臣服于你；行为才是关键，才是我们要进行调节的对象。

　　我们可以把情绪调节[25]看作一个过程来解释，而人可以通过情绪调节这个过程来影响感受情绪的方式、情绪的

25　具体可查阅 J. J. 格罗斯所著的《情绪调节的新兴领域：进展综述》。

持续时间,以及情绪存在的方式、情绪表达的方式。这是一个提供反馈的动态过程,在这个过程中,我们可以根据性格、情绪和背景采取不同的策略,具体如下:

(1) 引导注意力(分散、吸引或拒绝)。这些都属于简单策略,建立在对关注情绪起源的注意力进行引导的基础之上,对情绪进行调节。比如,看或不看一场车祸会导致情绪高涨或低落。

(2) 通过具体动作,如仪式动作、音乐或程序,唤起某种具体的情绪状态。礼拜仪式音乐是用来协调教民在圣餐期间的情绪的。斗牛士有一系列的仪式动作,这些仪式动作可以在音乐的帮助下让斗牛士保持专注并维持最佳情绪状态。在运动员身上也有同样的情况,比如网球运动员或高尔夫球手。有些专业人士建立了自己的仪式动作,这样,他们可以在面对困境之前通过这些仪式动作让自己找到心理上的平衡。

(3) 通过改变认知。这种策略通过替代感知来重构事件,并以相对主义眼光看待事实,或是接受事实。比如,在宗教传统中,人们会把生活中负面的事件看作神的旨意接受("神这么做,一定有这么做的理由"),或者从不可知论的角度接受（"生活给你的不是你想要的，而是你需要的"）。在这两种情况下，信念会让面对不愉快事件时产生的愤怒或悲伤减少，这对健康有着积极的影响。

（4）通过正念。这种策略是调节情绪的张力，将注意力集中在身体感觉或是呼吸上，不让自己卷入到与问题相关的念头和想法的洪流中。要做到这一点，必须要把情绪看作是"我"的一部分，但同时又要与情绪之间保持一个合理的距离，因为人并不等同于情绪。正确的做法是既对情绪抱有负责的态度，又可以认识到情绪在本质上是变化的、短暂的。我建议给读者的练习技巧，就是训练这种调节方法的技巧，名为"关注呼吸"，在第三章（实践指导篇）中有详细说明。这种技巧非常有效，但前提是需要练习一段时间，然后才可以应用到实际情况中。

除了可以调节这些情感之外，正念还向我们提供可以用来探寻每种情绪的根源的情绪智力。欲望和现实发生碰撞，这种碰撞就是情绪的根源；如果一个人可以觉察到他的欲望或预期，那么他也就可以提高满足欲望或预期的能力。这种自我认知是幸福的坚实基础。

介绍完基本情绪，我们在这里随附一首十三世纪波斯诗人鲁米的诗，诗名《客栈》，诗的内容是这样的：

人生好比一个客栈，

每个早晨都有新的客人。

喜悦、沮丧、卑劣，

和一瞬间的觉悟，

都是意外的访客来临。

欢迎并热情招待每一位客人，

即使他们是一群悲伤之徒，

恣意破坏你的房屋，搬空所有家具，

仍然要待之以礼，

因为他们可能会带来全新的喜悦。

涤净你心灵中灰暗的念头、羞耻、恶念，

在门口笑脸相迎，邀请他们进来。

无论谁来，都要心存感激，

因为每一位客人，都是由上天赐给我们的向导。

这首诗想要表达的就是情绪是来自外部世界的向导，并没有给我们带来不便，情绪可以帮助我们改变感知。与其把寻找的方向指向外部，把一种情绪的出现归因于这种或那种现象，或是归因于一个或另一个人的行为，不如一直去探索情绪内在的一面。每一种情绪都会告诉我们一些关于我们自己的事情。"它总是想要告诉我们一点什么——是有深意的、临时起意的 / 是关于他眼中的现实的。"卡洛斯·鲍萨诺在引言中说道。

　　正念关注的焦点是情绪，而在正念基础上延伸出的个人发展的可能性非常引人关注。莱斯利·格林伯格教授，将最深层的原始情绪与我们惯常感知到的其他次级情绪或浅层情绪二者加以区分。[26] 比如，**嫉妒产生的愤怒是一种次级情绪；基本情绪是害怕被抛弃的恐惧**。嫉妒是可以进行抑制的，但这并不能让人从恐惧被伴侣抛弃的紧张中解脱出来。要彻底地消除嫉妒，你必须面对失去带来的恐惧，学会自我欣赏。通过这种方式，情绪可以转变成一个来自外部的向导。我的生活中有这么多的恐惧,这意味着什么？或者，为什么我总是不满足于所拥有的，而且心情总是很不好？这种悲伤是否意味着我的时间和精力都没有放在我生命中真正重要的事情上？

　　你不要忘记，我们是与这条从感知威胁到反应行为的

---

[26] 具体可查阅莱斯利·格林伯格所著的《情绪：一种内在指引》。

反应链一起工作的。情绪决定动作,但并不强迫动作。这种指向自省的情绪,将破坏性行为的威胁转化成个人成长的机会。

作为一种减轻压力的策略,情绪智力为我们提供了两个非常有用的工具:情绪调节和情绪感知。将消极情绪视为个人发展的盟友,而不是幸福的敌人。通过正念冥想,这两种工具还会得到加强,因此练习是重要的。

我们采用两种方式来进行情绪调节的培训:一种是事前调节,一种是事后调节。更好地觉知到情绪,我们就可以在情绪猝不及防地到来之前识别它们,从而根据情境的需要对行为进行调整。除此之外,我们还可以运用关注呼吸的技巧,这种技巧是一种可以帮助我们减少日常消极互动带来的"情绪垃圾"从而重新获得平衡的个人清洁方法。通过这种方式,我们就可以避免这些因为过去的事而产生的情绪通过反应圈对未来造成影响。除此之外,正念还可以让我们走近情绪,不做判断,不做过度心理加工(念头)。这样,我们既能感受到情绪,又可以从情绪中跳出,让事件顺其自然地发生。**正念让我们抓住当下,避免沉思或担忧过度,让我们变得不那么以自我为中心,让我们理解环境和他人的需求。**

第六章

重建你的压力与情绪系统

但愿有光照亮我脚下的路，
但愿黑暗不会扰乱我的心，
但愿我有慧眼识珠的见地，
但愿我有更进一步的决心，
活在当下，放眼未来，尘封过去，
为觉知的到来而努力，
让歌声在虚空中响起。

——Chambao 乐队《在空中绘画》

回应应激的有效方式

我们在第二章中已经了解到,应激反应是一种应急的机制。因此,当应激被过于频繁或强烈地激活时,就会对身体造成伤害,导致健康问题,降低工作效率,或影响人际关系。关于应激的研究强调了两个重要内容:一个是应激给人带来威胁的一面,另一个是应激导致身心系统出现失衡。我们还发现,应激产生的根源以及被我们称为"应对策略"的应对应激的方式,在不同的人之间也存在着很大的差异。在这一章中,我们将尝试对应激产生的根源也就是所谓的"应激源"进行分析,并根据应对策略的效用程度对应对策略进行评估。最后,本书会再对一些存在于人性格当中的能够预防应激的组成部分和有利于健康的生活态度进行介绍,让我们能够应对那些周期漫长的复杂情况或应激情境。

产生应激的根源多种多样,从重大的生活事件(所爱之人离世、被解雇、婚姻、重病等)到小问题的过度积累(工作问题、家庭问题、财务问题、夫妻关系、家庭关系、健康问题等),都可能成为应激的根源。应激的体验是具有主观性的，所以同样的情况给不同的人带来的应激是不同的。如果你觉得自己存在应激，并且在我前面描述的症状下感觉到放松，那你就确实产生应激了。这种情况下，羞愧和抱怨都没有任何意义；事情已经这样，我们要做的就是去缓解应激，减少压力。这就是我们接下来要探讨的重点。

可能你已经花了几天的时间苦寻应激的根源，思考它是否与你生活中某个反复出现的景象有关，或者是否有太多让你感到难以忍受、疲惫不堪的情境。如果你还没有找到应激的根源，那么用几分钟时间，把应激源列在一张表上，这样你就可以做到心中有数，然后进行下面的练习。要避免过于模糊和笼统的描述，因为这种描述不具备可操作性。尽量说得具体明确，可以用"我的问题是……"这种表述方式来描述压力源。

在减压诊所中，我们通常会列出一个长长的单子，上面列出培训学员的主要压力源。其中出现频率比较高的有：上班路上的交通、工作过度、缺少领导（上司）的支持、不告诉我明确的目标、我没办法调解家庭和工作之间的矛盾、缺少工作方法、客户缺乏教养、和同事相处不好、每件事都很急、没有空闲时间、财务问题、与伴侣或孩子之间的问题、身体状况（疾病）等等。

我们采用柯维描述的控制圈练习[27]来分析应激源，这种练习可以帮助我们反思个人对待问题的态度。在我们思考人开展的不同活动时，我们会将这些活动归类到三个圈中：

1. 结果主要取决于自己的活动，是处在人的控制圈中的活动。

2. 人没有办法进行控制但可以在一定程度上影响结果的事情，是处在人的影响圈中的活动。

3. 那些我没办法影响但会担心并花时间去思考的事情，是处在人的关注圈中的活动。

比如，在我的教学中，准备好教学资料、当堂课程内容，提前半个小时到达并检查教室，这些都在我的控制圈内；对某门课程的兴趣、关注和参与程度以及良好的课堂氛围，这些都在我的影响圈内，因为这些是由课程中所有人的合作情况决定的；培训人员是否来上课，或是否拖到最后一分钟才走进教室，都不在我的影响范围内，但在我的关注圈中。

---

27 具体可查阅 S. R. 柯维所著的《高效能人士的第八个习惯》。

图 3 即为这个心理模型。按图中所示，你可以把表中所列的应激源放到图中你认为合适的区域。

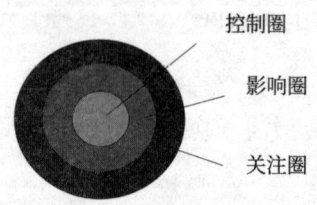

图 3 控制圈、影响圈和关注圈

没有人能对所有的事情抱有同样的关注，有些人会主要关注中心区域的活动，而另一些人却会过度关注外围问题。

我们将那些把大部分时间和精力投入到他们的控制圈内或是接近控制圈区域活动的人定义为积极主动的人。他们掌控局面、主动出击、提前计划并清楚地知道正在发生什么。而一直关注不属于其影响范围内的事情的人，通常都是消极被动的人，这类人会把他们的精力浪费在抱怨或争论他们无能为力的事情上。因此，他们错失在他们控制范围内主动出击的机会，忽略主要任务的重要细节，而这会导致他们在面对事件时总是反应迟钝。

按照这个心理模型，从长远来看，消极被动的人的影响范围和控制范围会减小，而积极主动的人的影响范围和控制范围会增加，如图4所示。

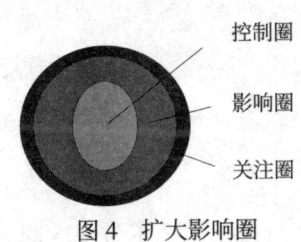

图4 扩大影响圈

当我们谈论到应激的时候，其控制程度是很重要的：控制程度越大，威胁感就越小，安全感也就越大，对应地，应激也就越小。

所以，清楚如何提高控制程度从而扩大影响范围和个人控制范围，对我们来说至关重要。柯维列出了积极主动的人表现出的四种品质：一是愿景（有明确的目标）；二是梦想（利用情绪的力量）；三是纪律（需要努力和恒心）；四是自觉（也就是本书中提到的觉知）。

我们再回到个人应激源的列表中，然后看看你对每个应激源的控制程度。比如，以我自己为例，上课途中的交通问题（如飞机延误）就是一个属于我的关注圈的应激源；上课期间较差的课堂氛围是在我的影响圈中（我们都会对所在的工作环境产生影响）；而对我来说缺少空闲时间则是在我的控制圈中，因为这取决于我如何安排日程和我是否能够对有些情况说"不"。我们已经确定了应激源的性质，接下来再让我们看一看什么样的应对策略是最合适的。

只要发现有应激产生，我们就会采取一些可以消除这种不适感的行动。但这么做也不是每次都有效果，甚至有些时候我们做出的行动虽然从短期来看有一定效果，但从长期来看却带来了灾难性的后果。也许你可以试着停下来什么都不做，歇一小会儿，然后列一个单子，看看当你在出现应激的时候有哪些习惯行为。比如在假期期间，你会做哪些不一样的事情。有些人在压力大的时候会吃很多东西；而另一些人会喝很多咖啡，或者过度饮酒，或者不停地抽烟。有些人会表现得暴躁易怒，经常和人争吵，还有一些人在有压力时，会不希望别人注意到自己，逃避问题并且避免做决策。有人会因为想暂时从工作中抽离而去锻炼健身，但也有人会把工作带回家占用休息时间办公，或者是熬夜加班赶进度（通常都是因为工作量不断增加）。而另一些人则是通过一些天马行空的想象或是度假旅行来减压。总之，减压的方式多种多样，但它们是否真的有效呢？

请记住，应激是恐惧或愤怒调节下的产物。当这些情绪很强烈时，它们会产生非常强烈的可能带来灾难性结果的反应。如果在因超负荷工作而产生的压力下，因为恐惧，我没办法做出决定并且拖拉事情进度，那么就会产生越来越多的压力，从而导致问题变得更严重，而且受到停顿的影响我还会出现愤怒的情绪。因此，这些被我们称为"回避"（包括分散注意力或拒绝接受问题）的策略不是很利于减压。拒绝接受问题并不会让问题得到解决。

如果产生的情绪是愤怒，而愤怒又调节出有攻击倾向的行为，那么就会给你的内在环境带来两种消极后果：愤怒产生恐惧，而恐惧使行为表现减弱。除此之外，愤怒会将人孤立，而当今世界却日益需要人与人之间相互依赖，从而解决问题。所以，**减压的第一步是对这两种强烈情绪，即：恐惧和愤怒，进行情绪调节。**

重建你的压力与情绪系统

因为伴随应激而来的往往是不愉快的情绪，所以很多应激应对策略实际上都是在努力摆脱那种不愉快的感觉。这些策略可以称为以情绪为中心的策略，都是针对情绪采取措施，比如我们常见的暴饮暴食、抽烟、喝酒、运动或者是买一些稀奇古怪的东西……这些动作作用于大脑，并让情绪发生变化：咖啡会让我们兴奋，可以提神醒脑；酒精使人放松，远离问题；运动使人放松并释放身心系统的紧张。还比如：去spa（休闲健身中心）或者做按摩，和朋友一起吃个晚餐，去看场电影，出去散散步，等等。但这些策略都有些类似于"头痛医头，脚痛医脚"，治标不治本，只是避免出现不适，并没有从根源上解决问题。它们见效很快，但效用有限。

另一种可以消除应激根源的方法是以任务或问题为中心的策略。比如，如果我的应激根源在于我没有空闲时间，那么我就必须对我的日程安排做出调整：学会安排好我的个人生活和事务，学会说"不"，学会更好地计划，或者是可以改变工作或生活方式。这样我就能够获得空闲时间，并且可以从根源上消除我的不适感。而如果我的应激根源是由于财务问题而产生的，那我就应该平衡我的开支与收入，并约束自己的行为，做到开源节流。这样，问题就从根源上得以解决，应激自然也就不见了。这种方法的缺点是：既不见效快，也不容易做到。

现在让我们回到控制圈模型中。如果应激源是在你的关注圈中，那么你在学会和问题共处并且可以让它不打扰到你之前，唯一可以做的就是对情绪进行调节（或者，如果可能，做出改变根除问题）；这个时候，以情绪为中心的策略往往会更奏效。但如果应激源是在你的控制圈中，很明显，你就必须去寻找问题的根源，并要弄清楚如何才能一劳永逸地解决问题。在这种情况下，由于以任务为中心的策略需要积极主动的态度（柯维提到的四种态度），所以你可能还需要将态度与情绪调节策略结合起来，因为情绪调节策略可以帮助你缓解紧张，并能够更清晰地对每种选择做出判断。比如，如果我的应激源是我和我的老板在沟通过程中表现出来的攻击性，那么根除应激源的方法就是，在每次交涉之后学会让自己冷静下来（以情绪为中心的策略），并学会平静温和地沟通（以任务为中心的策略）。

中国有一种处世哲学是，如果问题超出了你的影响范围，你不必担心，因为担心也于事无补；如果问题在你的控制范围内，你更不必担心，还是赶快去做点什么吧！

如果想要面对这个挑战，消除应激的根源，就需要有一点自我批评的精神，并且清楚事情中属于自己的那部分责任，因为我们往往会待己以宽却待人以严。而这正是我建议的冥想技巧的效用所在。应激使人产生强烈的情绪，而这些情绪弱化了找到有效的、根本的或创新的解决问题的办法的能力；冥想可以为你提供一个安静平和的空间，你可以从中激活你的内在资源，找到解决问题的最佳方法。

在开始对你的习惯性应对策略进行评估之前，你还要考虑一些事情。应激导致失衡，而健康需要的是恢复平衡。因此，最好的策略就是那些可以减少这种失衡的策略，我们将这种策略称为"自适应策略"。但像是有着巨大的改变情绪的能力的化学物质，如咖啡、酒精或毒品并不属于自适应策略范畴，因为这类化学物质会让人上瘾，并且会导致人出现生理和心理健康问题。而如果报个瑜伽班或者去游泳，则可以帮你恢复平衡，而且没有任何副作用。我们在下一章中会提到所谓的"垃圾食品"，它看上去既节省时间又让你感觉有营养，实际上它并不是可以解决应激问题的自适应方法。它虽然可以缓解焦虑，但会影响健康，把应激转移到另一个范畴。

正念训练使我们能够及早并准确地识别出那些导致应激的事件，从而让我们可以在面对这些事件时迅速有效地采取行动。除此之外，正念还会帮助我们评估我们使用的策略是否符合我们所寻找的目标，还能识别出我们使用的策略是否属于自适应策略范畴，也就是说，是否能够减少身心失衡的情况。

将正念运用到应激中，我们就可以从"被动应对应激"，即我们表现出的机械化的、盲目的、无意识的行为，过渡到"主动回应应激"，这意味着关注情境的需要，同时考虑个人目标并对自身的资源加以利用。我们要实现的目标是在面对应激或面对生活中的挑战时，主动回应，而不是被动应对。这也是我们自己主宰自己的人生，还是让我们的人生被事件主宰二者之间的区别。

更有效的五种人生态度

我们已经知道态度和应激二者之间的重要联系。所以我们想在这里提及一些在面对生活时能够降低应激发生率的态度。

第一种态度与下面这句影响我至深的格言有关：

"你抗拒的东西会一直存在，你接受的东西才会发生改变。"[28]

应激在很大程度上是由于面对现实与自身预期产生碰撞的多重事件而产生的累积压力所导致的。不幸的是，现实是客观真实的存在，不会因我们的意愿而改变。所以，每次与现实碰撞过后，消极和沮丧如洪流一般汹涌而至。关于这种现象的一个典型的例子就是，我周围的一些人在面对我时表现出的行为我并不喜欢，有些我甚至完全没办法接受，并且希望可以改变他们。不仅如此，我还发现我对他们这种行为的反应让我的消极情绪变得更严重。

通过一次受益特别大的冥想，我意识到是他们的行为和我的反应之间的依赖性导致出现了这种情况。然后我才真正地理解了这句格言的含义，并开始接受别人本来的样

---

[28] 具体可查阅 O. 普霍尔所著的《诸法空相，一切皆是虚妄》。

子，不仅是从精神层面上理解这个事实，而且还能深刻地感受到这个事实。也就是说，我不再试图让别人变成我喜欢的样子，不管它们看起来多么合乎逻辑。这种接受，是正念的原则之一，将我从试图改变他人所产生的紧张中解放出来，并且让我可以做自己，去践行自己的个人价值观。就像一个人认为他是什么样的人，那他就是什么样的人。在那一刻，一个人才可以找回他行为的自主权，不再让他人的行为制约他的行动。于是，相互制约的恶性循环被打破，其中的另一个人以另一种方式一点一点地找到他自己，这样的事情经常上演。我不能改变任何人，只能千锤百炼更努力地去塑造自己；尽管如此，因为我们是相互依赖的，所以这种个人变化也会影响他人的行为。

  第二种态度与你对工作、家庭或生活方式的投入程度有关。有责任心的人产生的应激要小得多，或者没有应激产生，因为他们知道努力就是最好的理由，因为他们找到了努力的意义。正如维克多·弗兰克尔在一本理解人的痛苦的必备之书中所说的，"如果一个人被赋予了活着的理由，他就一定会找到活下去的方式"。[29] 由此可以推断出，

---

29 具体可查阅 V. 弗兰克尔所著的《活出生命的意义》。

没有意义地活着是多么困难。你是为了生活而工作，还是为了工作而生活？你的工作带给你的是个人的满足感，还是只有金钱？你的情感关系让你得到成长、增加你的才能，还是成为你烦恼的来源？很多时候，成功变成了一个牢笼。对成功的渴望可能会鼓舞人心，但它需要人们付出一次比一次更多的努力，而这样的代价就是给健康或人际关系带来的不利影响。你要偶尔回顾一下你想要成为什么样的人，你的使命是什么，看一看在你的人生旅途中是否有机会实践你的个人价值观，而这些回顾是有利于健康的。这种回顾能够把你的时间和精力投入到对你的生活有意义的并且能够分享或表达你的个人价值观的事情上，是一个巨大的个人满足感的来源。但不要以为只有到第三世界才能找到一份稳定的工作，很多时候，这只需要一种意识和态度的转变。想想你的工作，你一定会发现在一系列的人际关系中，既有合作、成长和学习的良性循环，也有妒忌和破坏性竞争的恶性循环。去关注你生活中那些让你们和睦融洽的元素，它们一直都在那里，看看你能做些什么来赋予它们力量。去觉察那些让你心生不快的态度或活动，试试看你怎么才能做得与众不同。

第三种态度与应对危机的方式有关。不幸的是，生活中我们总是需要一次又一次地面对让我们束手无策的困境，就像所爱之人离世，就是一个无解的困境。而每一次危机却又都是威胁与机会并存的。威胁触目可及，会给我们带来压力；而机会却一直蛰伏在威胁背后，它一直藏在那里。很多时候，危机带来的情绪影响让我们看不到它带来的机会，因为我们的注意力都集中在损失或危险上。当然，世事皆如此，但我们总是可以做一些努力来让心理尽快恢复平衡。因为透过这个平衡，我们才可以不用穿过重重迷雾去观察事物，才可以看得更清晰透彻，然后想法、可能性、道路才会喷涌而出，或者只是意识到生活中某些事情的价值，比如健康、人际关系。

危机中总是存在个人发展的机会：那些想方设法战胜危机的人，不仅仅是成功跨过了危机；他们变得更坚强，成为他人的支撑和慰藉。这种能力被称为"心理弹性"，是人在逆境中成长的能力——当然，我们也可能会就此沉沦。成长总是发生在犯了错误之后——因为如果是正确的，那就是已知的。也许有人会觉得他过的并不是他想要的生活，那么如果他现在就开始调转脚步走向他认为正确的方向,曾经的事情就变得不再重要。我的朋友兼编辑霍尔迪·纳达尔用一个公式解释了这个道理,这个公式是 n + 1,其中 n 代表一个人失败的次数,n + 1 代表失败后重新站起来的次数。这是我们必须不断学习的公式,是人可以沿着人生这条河逆流而上的真理。

  第四种避免应激的态度与医疗保健有关。应激会影响身体的抵抗力,导致发生疾病。可以试想,不管是多糟的情况,如果你的健康受到影响,那情况就会变得更糟。即使你的生活中有压力,也必须好好照顾自己。把压力想象成你身心需要负荷的一部分;饮食健康,保证足够的休息,经常锻炼。要注意尽量减少因为工作量过大而带来的压力,过度工作会让工作效率下降,并影响健康。反思一下,你是否会向别人寻求帮助来分担你的重负,或者知道如何说"不",还是正好相反,你是那种因为帮助别人而让问题全部涌向自己的人。

  最后,同样非常重要的还有对待情感关系的态度。我们已经清楚应激是在危险的环境中产生的。当我们和赏识我们的人在一起时,他们不加评判地倾听我们、理解我们,哪怕他们什么都不说,我们还是会感到安全。在这些情境下,应激会减退。如果在有压力出现时把自己孤立起来，不和家人或朋友联系，那么你就错失了宝贵的减压资源。要在诚实和相互理解的基础上培养有质量的情感关系。不要把人际关系当成你消极情绪的废物回收站，让它被你的问题、抱怨和叹息淹没。不要以友谊之名行炫耀之实，让友谊成为你炫耀自己的工具。尽管问题可以分担，成就可以分享，但不要滥用，不要试图将自己从中剥离，不要让言辞中总是充斥着消极或得意。要真正关心他人，做到开诚布公。要注意自己说出的话，因为当你有压力的时候，会被自身的问题困扰，这会让你的朋友感到厌烦，因为他们也想要得到你的关注、倾听和理解。用正念来验证你的情感关系是否让双方都满意，是否建立了积极的情感。关于沟通，我们将在第八章中再做深入探讨。

表3 面对压力的态度

积极的态度	消极的态度
接受	抵抗
承诺	毫无目的地生活
看到变好、个人发展的机会	只看到威胁、伤害、损失
对健康的特别关注	听之任之
情感关系培养	孤立

重新获得自主权

我们已经了解到，应激是一种强大的应急机制，当威胁的情境出现时，它会引发一系列旨在维持生物机体完整性的反应。这一连串的事件从对某种形式的情况的感知开始，感知到之后，会出现一种让身体在某种意义上做好准备的情绪，这个过程会让头脑以某种特定的方式发挥作用。这就是应激反应，在有些情况下非常有用，但在另一些情况下会成为人的负担，让他们失去机会，生活也变得灰暗不幸。

培养正念，可以让我们减少压力，并重新获得对生活的自主权。我们还可以更准确地确定应激出现的时间和方式。通过正念训练，我们可以学会在冲动地做出反应之前制造一个停顿，停下来去观察其他的感知。将正念运用到身体上，我们就能够觉察到应激的症状，并找到最合适的缓解应激症状的方法，比如锻炼或饮食。有了正念，我们可以提高情绪智力，可以用最佳的方式来表达情绪。

我们还了解到针对不同的应激源可能需要特定的应对策略。正念可以帮助你验证你得到的结果是否具有适应性，或者，与之相反，这种失衡是否仍在继续。

最后，我们提到了克服危机或预防应激的五种态度。

至此，本书内容已经过半。接下来内容的重点是正念的一些具体应用，先从下一章的饮食开始。

第七章

重建你的应激表现——饮食

正念进食是非常愉悦的体验，
我们优雅地坐在那里，
我们可以觉察到我们周围坐了哪些人，
我们可以觉察到眼前的美食，
这是一种深层次的体验，
每一口食物都成为感知世界的使者。

——释一行禅师

应激的主要表现之一是饮食习惯的改变。当情绪紧张加剧时，我们经常会改变饮食方式，有些人会食欲大增，另一些人则会食欲减小，因此也就跟着出现体重因应激而暴增或骤减的现象。在当今社会中，体重增加极为常见。

　　让我们来回忆一下那个被洞熊追赶的年轻人的故事。应激的反应让血液从消化系统转移到肌肉中，这些肌肉准备好逃跑或争斗。所以，我们会感觉到胃里仿佛打了一个结，这样，首先会消除饥饿感，同时身体则会调动体内储存的脂肪将其作为能量的来源。在一开始危险的感觉过后，或者当身体认为已经消耗了足够的能量储备，就会产生比平时更大的食欲。结果就是在应激的作用下，我们会控制不住地去吃东西，吃得比平时更多，吃的速度也更快。除此之外，应激刺激产生的食欲的对象是高热量、高脂肪、高糖、高盐的食品。我们不会点一份沙拉，而是点一大份加了牛肉的意大利肉酱面，还会给甜点水果淋上巧克力酱或奶油。除此之外，应激还会增加我们对诸如酒精和咖啡之类的刺激性物质的消耗。花几分钟思考一下你的饮食习惯，看看在出现应激或情绪紧张的时候和平时相比有什么变化。

　　这种多个因素组合在一起产生的结果对消化系统来讲

有害无利，这就像是你狼吞虎咽地享受了一顿大餐，其间又觥筹交错举杯畅饮，这个时候消化系统就面临着消化和解酒的双重压力。不仅如此，一旦危险再次出现，血液又被重新转移回肌肉，就导致消化过程没办法完全且充分地进行。这就像任何一台在资源减少时还被要求表现出更好性能的机器一样，消化系统负担变重，从而导致发生各种疾病。正如我们在第二章中了解到的，在这种情况下出现胃溃疡、消化或肠道问题并不奇怪。

除了消化系统的问题之外，应激还会带来其他的问题。我们在前文中已经知道，应激调动体内脂肪消耗，将其作为热量来源，并且在刺激食欲增加的同时，激活脂肪堆积机制。我们发胖的原因是胃口过大，脂肪堆积速度比平时更快，这样才可以从热量的角度保持体内的正平衡。我们吃的远超过我们需要的。不仅如此，脂肪在血液中的这种进进出出还会导致高胆固醇，这是困扰现代人的几大疾病之一，而且还增加了循环系统出现问题的风险。当这些进出血液的脂肪颗粒与血液的其他成分（如血小板）结合，并形成血栓堵塞静脉或动脉导管时，就会出现循环系统问题。随着越来越多的胆固醇黏附在循环系统内壁，血栓堵塞的概率增加。为了改善这种情况，我们要牢记应激会导致血压升高，血压上升导致动脉血流减少来增加血液流通速度，而这个过程就容易导致循环系统问题。简而言之，正如我们在第二章中看到的，16% 到 22% 的循环系统问题根源都在于应激，这并不奇怪。

既然是生存机制，又怎么会对健康有这么大的危害呢？有人这样问过。这个问题可以从两点来解释。第一点，应激是针对"野生"型急性危险而产生的机制，如果战胜危险幸存下来，应激就马上消失了。我在这里详细提到的附带损害需要几个月的时间才可以确定。不幸的是，虽然现代应激不会像自然应激表现得那样剧烈和紧急，但其持续时间明显更长。第二点解释与饮食习惯有关。到目前为止，营养不良仍然是常见现象，热量也总是很匮乏。而不幸的是，这种现象在世界上的很多地方仍然常见，一个人，无论有多大的压力，都不应该摄入太多的热量，压力会让他吃得比平时更多，因为胃口越大，无节制饮食的概率就越高，但我们祖先中的绝大多数都没有足够的食物储备让他们可以每天在家里大吃大喝。

食物是生存的必需品，所以在产生应激时，我们就会想要摄入比平时更多的热量，并将其转化成以前缺乏现在却非常丰富的物资，比如糖或脂肪。最好的一个例子就是巧克力这种有应激的机体最喜欢的食物，因为巧克力中有可以立即提供能量的糖、储存热量的脂肪和一种类似于咖啡因的致兴奋物质可可碱。如果你有在上床睡觉之前摄入一定量的巧克力来让自己辛苦的一天在甜蜜中收尾的习惯，就会发现这些热量以不可思议的效率被转化成脂肪，而且这种致兴奋食物会让你一直到三更半夜还仍然保持着兴奋的状态，作息也因此被打乱。

另一个我们不能不提的例子是酒精，正如我们在第五章中所述，酒精除了影响情绪状态外，还为机体提供热量，并且需要一个复杂的排毒机制。不需要讨论什么剂量的酒精是健康的——显然剂量应该是 0，也不需要讨论酒精什么时候开始产生危害，我们对这两个问题的答案已经非常清楚。消耗酒精会给消化系统带来额外的负担，并会对消化过程产生负面影响，加重这一过程的负荷。除此之外，酒精影响睡眠节律，改变休息模式，这是应激产生时的另一个敏感区。在存在应激的情境下，酒精的消耗量会增加，危险也就会由此而产生。

下面举两个简单的例子，但它们并不是对所有人都适用。有些人是消耗可乐这类含有糖和咖啡因并且喝了之后会让人兴奋的饮料。另一些人则被像汉堡包这样高盐、高脂肪，可以快速食用并且几乎不需要咀嚼的快餐吸引。面包房，尤其是工业化的面包房，其生产出的食品中脂肪和糖的含量都很高，但却是在人有压力时非常有吸引力的食物。虽然每个人口味各异，但仍然存在一个共同的模式。要记得，你在出现应激时，要注重饮食，精心对待饮食，也就是要能够觉察到自己都吃了什么，是怎么吃的，吃了之后有什么感觉。在这里你将会找到一片沃土，让正念在这片土壤上生根发芽，在这里倾听身体传递给你的信号，这样你会更清楚地知道哪些食物可以放心享用，哪些需要加以限制。

欲望的力量

我们已经知道应激会促进反应循环，而正念是一个工具，这个工具可以帮助我们识别出这种循环什么时候处于恶性循环状态，又在什么时候被积极的反应代替。进食就是一个很好的体现出欲望的力量的例子，我们会在图 5 的帮助下探讨这个问题。从这个模型可以看出，一种具体的感觉再加上一种情绪，就会让我们的胃里产生一种带着焦虑的渴望，这时就产生了想要找东西吃的意图。比如我们以巧克力为例，这时注意力就转移到哪里可以买到巧克力：超市、加油站里的便利店或是糖果店。如果搜索成功，接下来就是进行渴望的摄食，这会让身体产生即刻的满足感。这一点很重要：因为糖的吸收速度很快，所以摄食后身体会立即做出反应，产生一种暂时的幸福感。这种欲望得到满足的感觉，会产生可以激发相应记忆的情绪变化。随着这种循环模式的重复，这种习惯会不断被强化，甚至可以形成机械性习惯，比如各类成瘾。

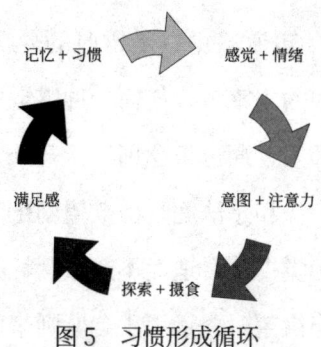

图 5　习惯形成循环

习惯越是强烈、顽固，就越难改变。最强烈的欲望就是我们所说的"瘾"，比如烟瘾、酒瘾或毒瘾，这些物质都具有在极短时间内改变情绪的强大能力。这样就建立起一种因果关系，这种因果关系强烈地制约着机体表现出的行为。

在这一连串的事件中，哪一个才是最薄弱的环节？可以在哪个地方做出行动来打破欲望的枷锁？薄弱点是在身体感觉浮现的那一刻，更准确地说，是在与欲望最小时对应的情绪出现之前的那一刻，也是在想要进食、找理由满足这种欲望并刺激产生动作的想法还没有出现之前。不是对欲望客体产生的幻觉，也不是与欲望客体之间产生的接触，因为这两者都能够强烈地激发欲望。对欲望，你必须要运用正念，知道感觉只是暂时的，情绪是可以控制的，人是其行为的主宰者。任何一种感觉都不会没有波动地一直停留在那里。通过正念训练，一个人可以觉察到他头脑中滋生的念头和想法都是由欲望幻化而来的，并不可靠。如果你因为觉得不合适而不想去消耗某一样东西，那就要尽早识别出欲望，并运用正念原则来发展一种健康的替代行为。比如，你在想要大吃特吃可能会让你后悔的巧克力之前，可以试试走进水果店买两个苹果，这会缓解你的饥饿和焦虑，不会导致上瘾，而且又营养健康。从此开始，你可以每天带两个苹果去上班，以此来抑制每天上午十点钟都想要吃一块巧克力的冲动。这样你就有了另一种可供取舍的可能性和在你认为合适的时候利用这种可能性的自由。如果某一天你要奖励自己一块巧克力，不要剥夺这种奖励自己的权利，要去享受它，但要注意不要成为惯例。你要努力培养你的自主权，主动应对出现的各种情况，而不是站在被动的位置只是盲目地对冲动做出反应。如果我们把这个过程制订成一个方案，那这个方案需要分成四个步骤来实施：

1. 通过培养正念，我们可以觉察到一些消耗性习惯是被动的反应性习惯，不是适应性习惯。所以，从长远来看，这些习惯产生的结果并不会让人满意。

2. 一旦识别出问题，就必须要在欲望出现之前，也就是在最初的感觉被觉察到的时候，制造一个停顿。记住，欲望和感觉都是暂时的，不要去追逐它们。接受欲望，但要考虑其他的可能性。

3. 把注意力带到身体的感觉或呼吸上，这样可以为你赢得时间、制造停顿。不要让意识被那些支持欲望得到满足的理由带走，欲望只是习惯下的结果，而不是你真正的需要。试着去寻找替代的、创新的策略，但不要惩罚自己，也不要恼怒自己，因为这并不能帮助到你。这是一场长跑，需要时间来改变习惯。

4. 如果你没有做到，那就稍晚一点，在平静的时候——比如冥想之后——思考你可以准备哪些替代物去面对这些情境。尝试去做一些其他事情，寻找可以从长期角度改善情况的自适应策略，并耐心自觉地去应用它们。

重建你的应激表现——饮食

进食或消耗

我们区分进食和消耗的方法就是，前者的目的是为机体提供营养，而后者是受一种情绪上的满足感驱使。当然，有些时候为我们提供营养的也会带给我们情绪上的满足感。毫无疑问，夏天里当一个人开始脱水时，能够喝一口水会让这个人产生一种强烈的幸福感，而这只是身体对喝水这个对生存来讲如此必要的行为的奖励。但当身体在紧张状态下把摄入更多的咖啡因作为奖励时，或者当想要抽烟的焦虑被一种新的香烟缓解时，我们就不能再说这种消耗能够提供营养了。在这些情况下，我们正在消耗的是我们的健康。

我不想自己看起来像一个典型的只吃健康食品的宗教徒，实际上我也不是。我觉得人生可以享受很多东西，像是咖啡、酒精、糖果、肉类和脂肪，但要带着觉知去消耗这些东西。重要的是，虽然这些食物对健康没有负面影响，但应激会使人以牺牲未来幸福为代价来获得短暂的快乐而进行过度消耗。

从更广泛的角度来看，我们可以考虑其他的消耗习惯，比如交谈、阅读、广播、电视节目或电影。这些习惯也受到情绪的影响，并且可以产生非自适应性的反应行为，也就是说，它们会帮助维持机体的失衡。在这个范畴内，我们会采取应激应对策略，比如强迫性购物、暴力活动、赌博或强迫性行为。其中必须考虑到的一个方面是，我们所消耗的一切都会对我们的情绪状态产生影响。如果我要去看电影，那是因为我想要有某种具体的、通常是积极的情绪体验。交谈是另一种介于消耗和沟通之间的情感交流方式，是下一章内容的重点。思考并关注你的对话消耗。观察对话、聚会或讨论对你的情绪有什么影响。影响是正面的还是负面的？你是从中得到鼓励，还是会感到疲惫不堪、心生厌烦或是压抑沮丧？如果是负面的，那这是你本来想要的吗？如果不是你想要的，那你认为会发生什么？你认为这些交谈内容带给你的交谈对象的影响是正面的吗？你能做些什么才可以带来积极的情绪呢？你认为你的交谈对象会产生积极的还是消极的情绪？我将在下一章中讨论这些内容。

第八章

重建你的应激表现——沟通

如果你在不想要的时候就去拒绝，带给你伤害的时候就放手舍弃，

有需要的时候就去提出要求，想要给予的时候就去付出真心，

想要痛哭或呐喊的时候就去发泄，那将如何？

如果你想要交流的时候就敞开心扉，那又将如何？

开心的时候就笑！

如果你活在当下，活在唯一充满真实的现在，

不念过往不盼将来，又将发生什么？

如果，你把自己交还给本质，让自己回归真实，那结果又将如何？

——克劳迪奥·卡萨斯《画家的调色板》

我们所遭受的应激主要是心理社会应激，因此，应激与我们的人际关系密切相关。所以，沟通是应激的另一个重伤区，这是我们接下来探讨的重点。除了我们在情绪紧张时寻找的沟通类型之外，还有在紧张时的沟通风格。但是在考虑沟通的细节之前，我们可以先思考一下困难或冲突的沟通过程中都发生了什么。回想一下最近的一次争论你发生了什么？冲突是如何产生的？

困难的沟通有两个主要特点：一是有调动负面情绪如恐惧或愤怒的能力，同时产生应激；二是会使人们无法达到他们的目标，同时还给他们未来的人际关系或互相理解的空间制造额外的问题。让我们看看这是如何发生的。

当应激受恐惧情绪协调而产生时，占主导地位的沟通方式被称为"被动式沟通"。当恐惧激活逃避机制时，沟通也会因此而受到影响。这些人会对一切说"好"，只是为了避免冲突，他们既不会提出反对意见，也不会深入面对问题。恐惧让他们放弃了自己的权利。因此，他们说话的声音通常都很低，肩膀耷拉，视线低垂，避免和交谈对象产生视线接触。可以说他们在努力不被注意，并避免对抗。这种逆来顺受的态度并不总能让交谈对象感到高兴，有时甚至还会激怒他人或刺激他人的攻击性，最终事与愿违。对于有过类似经历的人来讲，这也不是一件让人愉快的事情，因为他感觉别人在利用他，而他自己也没有表达的自由。

相反，如果驱动沟通的情感是愤怒，情况则完全不同。这时人会倾向于对抗；想要战胜对手，正面打击对手，证明谁是最强的、谁是对的。这是一种进行激烈争论的沟通方式，把自己的观点强加于人而不顾及他人的感受。这种沟通被称为"侵略式沟通"，通常会激发恐惧或愤怒，具体要看另一方的所处情况。如果它让交谈对象产生恐惧，那这种表面上的胜利会让被征服者心中产生许多怨怼。如果一方的侵略性唤醒了对方的侵略性，这时就转向语言冲突、辩证冲突。即使体验到的感觉让人精神振奋，不像恐惧那样令人不快，但从中期来看，任何一个争论者都会产生不愉快的情绪。

当然，这些都属于典型情况，是帮助我们识别沟通模式的极端风格。上述的沟通方式也可以组合形成"被动－侵略型"风格，也就是表面上表现出顺从，但内心深处在寻找从背后攻击的机会。这是一种害怕正面面对的风格，被问者会说"好"，但是事后试图破坏计划或在背后批评。被问者也会寻找机会在另一方没注意到的时候击败对方，但这并不会给表达者带来很大的刺激，尽管有些人可能非常擅长这么做。

  这三种沟通方式，或多或少地受到每个人的社会技能、教育程度和举止作风的影响，都遵循着应激反应模式。不过，还有另一种我们用作应激反应模型的、被称为"主张式沟通"的方式。**自信是一种超越恐惧和愤怒的中庸之路，是一种尊重自己和对方感受的态度，是一种要求对情况有所了解并进行情绪调节的心理状态。**因此，当人们在沟通时采用这种方式，就可以非常有效地减少冲突。为了让你可以感受到这种沟通方式，我提出下面这个让人觉得最舒适的简单的表达方式。

主张式沟通的技巧

首先,你必须运用正念去发现和接受你周围的人通过恐惧或愤怒做出反应的问题或态度。当这种情况发生时,与其接受一些你过后可能会后悔的事情,或者展开一场以击败对方为目的的争斗,不如尝试按照下面三个步骤的处理方式:

1. 你在倾听之后——不仅仅是让他说,还要仔细听他说了什么,明确告诉他你已经理解了。理解并不意味着任何形式的退让,而是让另一方平静下来。这是一种可以一直给予的满足感,可以避免对方和你反复争论同样的事情。要做到这一点,你可以在说话之前先说"我理解你",真诚地表达你的立场,而不要形式主义,他人会注意到这一点。不要不愿意承认,他人有感其所感、想其所想的权利:他自有他的道理,正如你自有你的道理一样。

2. 但是,你提供的这种表达自由,是不做判断的,还要以同样的平静和坚定表达出来。所以,你可以紧接着陈述你的理由,但不要夸大或缩小它们的重要性。你可以用"不过,我并不同意你说的"这样的话来开始这个阶段。

在这个步骤，一个人应该考虑是否要为他的不同意提供理由。如果一个百科全书推销员到我家给我推销产品，我可以只出于礼貌给他一个理由，但这不是我的义务。如果是和我上司之间的工作问题，那我就必须给出理由。如果是关于个人喜好的问题，比如我要和爱人去看电影，理性讨论我的选择偏好就对对方没有任何意义。简而言之，这个问题是开放的，取决于情境的需要和你的判断。

3. 在这些情况下，最好的办法是可以提出一个能让双方都能满意的替代方案。这并不容易，甚至有时候是不可能的，就像在面对百科全书推销员的时候。但在这里，意图是非常重要的，因为它反映出"我尊重你就是尊重我自己"的这种精神。另外，只有在真正符合双方需求的时候，才会产生互利的解决方案。在这种情况下，你可以这样总结："所以，我建议……"这句话中表达了你对解决方案——一种双方都能接受的方案——创造性的、平衡的、开放性的建议。这种情况下，你必须对接受这个建议或是提出一个你可以自由接受或拒绝的替代方案的人敞开心扉。

要记住，如果找不到解决办法，你也可以推迟这件事，等待其他更有利的情况，这样要好过徒劳地对抗。

争论中经常出现的一个陷阱是，各方将目标的冲突转移到各自的理由上，在哪些理由更重要、更有意义这个问题上纠缠。这里可以回想一下关于感知的章节中的内容，以及坚信自己看待世界的方式才是正确的方式这种思维陷阱的危险。面对这种危险时，最安全的态度是接受对方的理由，考虑这些理由，并给这些理由附加价值，但不要仅仅因为对方表现得更激烈而屈服让步。因为如果这样做，你就会形成一种从长期来讲不利于你自身的行为模式。

在面对那些无视我们的意愿并试图把他们的意愿强加给我们的人的时候，在面对那些强烈坚持己见的人的时候——比如一个固执的百科全书推销员，我们可以运用一种名为"卡在留声机唱片上的针"的技巧。当对方坚持他的理由的时候，你要一直用同样的语气、同样的手势和同样的说辞（这一点很重要）回答他，比如"谢谢，但我没什么兴趣"，然后再加上你认为合适的理由（一直是同一个理由）。这会在为了给新的理由再去找新的借口上节省很多力气。对方将可以感受到你态度中的坚定，然后优雅地转身离开。

自信并非易事。有些人是凭直觉培养的，因为这样可以避免陷入争论或回避问题。但你并不是要一直自信,因为一直如此就意味着过分自信,过分自信不仅会让人觉得讨厌,有时候还会导致没有效率。因此建议针对不同的情境使用不同的沟通方式。看一下你在出现冲突时的一贯风格,然后尝试一下其他让你感觉更好并且能实现你的目标的更有效的方式。要清晰而坚定地表达你的不同意见,但要保持友好的态度。不要等到有大的危机出现才去付诸实践;你需要先从简单的事情开始,在你的情感环境中去证明这种技巧,并逐渐培养出能够在出现困境时应对自如的能力。

有意识沟通

正念会帮助你识别局面在什么时候陷入冲突,可以帮助你评估恢复对话的可能性。有意识沟通是将正念的原则运用到交往行为中产生的结果。有意识沟通意味着可以意识到以下四个方面的内容:

1. 我正在说什么。
2. 我是如何说的。
3. 我感觉如何。
4. 我的语言和手势对他人有什么影响。

有些情况下你可能会发现,你刚刚失去了平时的稳重,谈话正在一点一点地演变成争论,争论中你的目的也被抛到九霄云外。比如,如果一位想要青春期的儿子保持对他的信任和权威的父亲,在被儿子没有礼貌地质疑的时候,他会感觉受到了冒犯,并且会反应过激,比如摔文件,破坏家庭的和谐氛围。在这种情况下,当一个人注意到自己已经把这些从盒子里拿出来的按钮按下去了的时候,他就可以在面对困境时使用一种名为"牢记MA"(MA即"专注的时刻")的技巧[30]。接着我就来解释一下这种技巧。

---

[30] 具体可查阅彼得·圣吉以及其他人的《第五项修炼实践篇》。

当你意识到情绪的影响时，不要像平常那样反应，停下来。比如上面例子中的父亲，在对他儿子的质疑做出反应之前，停下来那么一会，带着正念考虑一下眼下的情况，并以下面的五个步骤为提要，审视一下自己有哪些选择可以避免陷入不愉快的争论中：

1. 现在正在发生什么？我正在做什么？感觉到什么？想到什么？

2. 我现在想要的是什么？我的目的是什么？我要如何实现它？

3. 我做了什么使我没办法实现我的目的？所以，我现在应该做的是……

4. 做一个决定，并在心里告诉自己："现在我要……说、做或让它过去。"

5. 然后你要有意识地激励并引导你的沟通转到新的方向上。

这样，也许我们这个例子中的父亲，不会再咄咄逼人地回答儿子的质疑，而是问他的儿子为什么要用这种方式和他讲话。这位父亲可以通过主张式沟通表明他不喜欢儿子对自己说的话。这样，这位父亲就可以避免自己被拖入到一场伤害更大的争论中。每个人可以根据自己的情况和态度来进行沟通,如果某个人感到无聊或生气,他有责任去调节和控制这种情绪,而不是试图把自己的不适或痛苦延伸到周围人的身上。

沟通启示录

在冲突性对话中，四种破坏性的态度会激活交谈对象的情感脑，使其产生倾向于攻击或退缩的情感，丧失理性行为的能力。因为塞文·施瑞伯博士所说的"沟通启示录中的四骑士"[31]的存在，我们就可以确定，我们可能不会得到我们想要在沟通中得到的东西，但这四位骑士却在我们在情感较量出现问题时第一时间被呼唤出来。

首先是批评。批评交谈对象是非常危险的，批评攻击的是一个人的形象，或者是他心理上的自我，使他倾向于攻击或退缩，而这必然会破坏沟通。产生批评的是对人的判断，而不是对事情的判断，所以感知会蒙蔽我们，让我们看到人身上的问题而不是事情的因果关系。所以，批评是将问题落在造成问题的人身上，人们经过解读，通常就会形成趋近于反对妥协的态度（比如"绝不""总是"之类的词）："我很讨厌收拾你的东西，你总是把东西到处丢，我很不喜欢你杂乱无章的做法。"抱怨可以在没有批评的情况下产生，描述所发生的事实，不做解读，也不做

---

31 具体可查阅塞文·施瑞伯博士所著的《情绪疗愈》。

郑重的声明，比如"厨房乱糟糟的时候，我连一杯咖啡都没办法喝，我喜欢整齐一点"。

批评之后可能出现的是蔑视，这是前面的批评带来的结果，外在表现出来的是对他人的否定，这种否定体现在语气、手势、非常微妙（讽刺、挖苦）或直接（侮辱、否定）的语言中。在这种情况下，我们的"我"会直接感受到攻击，并且会以下面的两种方式做出反应。

蔑视产生退缩或攻击反应。反击是一种侵略型反应，是感受到攻击的人做出的回击，这个回击会让人进入到一个不断被放大的循环当中，而一旦进入到这个循环，人就很难再保持风度和优雅。

或者产生的不是蔑视，而是第四位骑士——退缩，一种被动型或被动-侵略型反应。沟通随着这位骑士的出现戛然而止。

沟通是一种影响人们行为的工具，而冲突往往会对沟通造成不利影响，所以我在这里向读者推荐培养非暴力沟通的七个思路。你在想要抱怨或是处理棘手问题的时候，就可以采用这些从情绪角度出发的思路。

1. 寻找折中方式。应激的反应是由意外引起的。如果一个人知道他必须要随时准备好接受抱怨和不满,那么他就更容易控制和调整自己的情绪,在事情到来时有所准备,并且能够接受自己在事情中应该承担的责任。所以,预知到问题并且找到一个双方都觉得舒服的折中方式,避免产生不必要的紧张情绪,是非常重要的。在把焦点集中到问题上之前,友好地靠近对方,表现出对他的兴趣,总会得到意想不到的效果。

2. 请求而不是要求。提出请求比提出要求的风险要小很多。请求留给对方说"不"的自由,避免交谈对象产生一种压迫感,被迫承诺他们不愿意或没办法完成的事情,或者是做出反击。这两个词的区别是它们体现出来的态度,而不只是字面上小小的差别。要求苛刻的人没办法忍受否定的回答。但这并不意味着,如果你有资格和条件对某件事情进行要求但却不去要求。我在这里只是想要说明这两种方式之间的区别在于请求可以避免引起冲突这种可能性。

3. 责问之前先询问。我们都有类似的情况:最安全的立场是避免关于问题背景的解读,并试着用开放性问题来确认事情。这给了交谈对象时间去承认属于他的责任,也让他可以表达自己对事情的看法。而解读通常都是很危险的，因为在解读的过程中通常都会产生错误的成分，解读本身也没有为"接受"提供生存的土壤。对事情进行求证并让你的交谈对象从他的角度去阐述的这种精神，也同样非常重要。你可以选择信或者不信，但在你允许对方做出表达的那一刻起，沟通就不会再停留在原地。要诚恳，不要问暗含判断或解读之意的问题，因为这种带着深意的问题即使是以疑问的方式提出，也会让另一方感受到被指责。

4. 要客观，关注问题本身，而不是关注人。我们的重点应该是围绕着已经发生的事情，要避免解读或比较。表达得越是客观，留给批评的空间就越少，卷入冲突的风险也就越小。在这一点上，把交谈的重点放在问题上是非常重要的，这是一个涉及行为改变的具体问题——因为，如果不能改变，那又为什么要浪费精力？一定要避免对人进行批评，因为这样做会引发应激反应。所以，在交谈结束时，行动出相信对方这个人本身和相信他下次能够换一种方式行动的能力，并在适当的时候提供帮助，都是非常有用的。

5. 避免做出判断，从"我"的角度来表达。使用带有"我……"这样开场白的语言，并避免使用带有"你……"这样的字眼。这样，你就可以保持与你自身的感觉、情感、情绪和想法之间的联系。在一个人谈论到他自己的时候，是不会发生攻击谈话对象这种情况的。你甚至可以诚实地表现出脆弱和受伤，让别人知道你的感受，甚至和他们分享你被现实击破的希望。

6. 避免绝对。避免使用"总是""绝不""都""毫不"……这样的字眼。要记得，情绪会让我们记起所有类似的片段，所以就容易一概而论，但它通常都是不准确的，并且会带来额外的问题。从这个角度来讲，也要避免使用"你应该"或"你必须"这种命令式的语气，因为这其中反映出的是与你对现实的感知有关的但从对方的"你"的角度出发表达出来的绝对观念。更明智的做法是使用"我宁愿"或"我喜欢"这样的表达，因为这是从"我"的角度出发的观点，表达出任何偏好都有其自身的主观性。

7. 记得有时候中断谈话是最好的做法。如果你与自己和他人的感觉保持联系，就可以注意到，有些时候谈话只会变糟，因为其中一方是封闭的或是受伤的，这时他不愿意或没办法退出。在这种情况下，就必须为双方寻求体面的方式退出，并把这件事放到以后，直到情绪上的负荷消除。

第九章

时间管理和人生目标

记住自己将不久于人世,

这是我在做出人生重大选择时的一个最重要的参考。

因为几乎所有的一切,

一切外界对你的期待,一切荣耀,所有对窘境和失败的恐惧,

面对死亡都黯然失色,

剩下的只有真正重要的东西。

在我看来,设想自己将死去

是帮助你避开"我可能会失去某一样东西"这种思维陷阱的最佳方法。

此时你已经赤条条一无所有,

何不随心所欲?

——史蒂夫·乔布斯

暂时性的压力是最常见的应激根源之一。我们生活的这个世界以速度来衡量一切。我们的社会变得越来越精彩，物质也丰富得让人眼花缭乱，但我们好像并没有时间去享受这一切。工作安排越来越多，出行距离也越来越远，我们的空闲时间也跟着越来越少，甚至各国政府也对如何调解工作和家庭生活带来的时间利用方面的冲突极为关注。而这种社会的进步是如何使我们陷入这种情况的呢？

乍一看去，这些时间问题似乎是时间本身的问题，但我更倾向于把它们视为方向的问题来看待。马克·吐温曾经说过这样一句话，翻译过来就是："当我们看不到目标时，就会加倍努力。"如果我还不清楚自己想要去哪里，那前进总是会让我付出更多的努力。在一个物欲横流的社会，一个人总是会产生太多的欲望，以至于他永远不会有足够的时间去满足它们。所以，与其总是想要得到我们能力范围之外的而且会让我们疲惫不堪的东西，不如重新审视一下我们的个人选择，从另一个角度来思考：什么才是真正重要的？

当时间有限没办法完成所有预计的任务时，那就有必要确定这些任务的优先次序了。这很难，因为这意味着你只有对某些目标说"不"才能实现其他目标。解决这个问题的一个简单比喻就是"酸黄瓜罐"练习。如果我想把大小不同的小黄瓜放进玻璃罐里，用醋来腌制它们，就应该先从最有价值的也就是个头大的开始，把它们放好，然后用个头小的填塞空隙。按目标管理时间也遵循同样的规则：先去执行关键任务，然后再填补空隙，执行重要性相对较低的任务。

定义完每个任务的重要程度之后，我们再来看看时间这个要素是如何影响它们的，这属于问题的第二个维度。简单来讲，如果我们用两个级别来表示重要程度（重要性和紧急性），那么可以把任务划分为四类，如表4所示。

有些任务重要但不紧急，有些任务重要且紧急，有些任务不重要也不紧急，而有些任务不重要但紧急。

表4　时间管理矩阵表

重要性	紧急性	
	紧急	不紧急
重要	重要且紧急	重要但不紧急
不重要	不重要但紧急	不重要也不紧急

我们通常会因为"急"而优先考虑紧急的事情。这种态度意味着把重要但目前还不紧急的事情留到以后处理。这么做的问题是，人们总是根据紧急程度来解决问题，也就是说，"急"会让他们变得非常紧张。不过，紧张并不能很好地帮助我们找到有新意的解决方法，因为紧张会简化反应循环，然后产生习惯性的解决方法，而这些方法往往并不能从根本上解决问题。在面对一件重要的事情时，我们需要的是时间，而不是"急"；我们需要反复思考，去了解并看到其他的选择，评估各种可能。但如果事情很紧急，想要做到这一点就非常困难。

从减压的角度来看，压垮我们的不是我们正在做的工作，而是还需要做的工作，而且越是重要，压力就越大。所以我们就可以理解，为什么当重要的事情在变得紧急之前得到处理时，时间管理会更有效，压力也更小。所以，在时间有限的情况下，你只能牺牲不重要的事情，即使它们是紧急的。**你要清楚，紧急并不会让事情变得更重要。学会心安理得地说"不"，学会委派或放弃，是摆脱必须面对一件不重要的事情而导致产生紧张情绪的方法。**

在确定优先次序的过程中，存在三个必须克服的常见障碍：情绪干扰、打断和意外。

1. 情绪干扰使注意力集中在我们喜欢的事情上，回避我们不喜欢的事情或觉得无聊的事情，把它们留到以后，这就导致形成障碍。按喜好管理时间可能会让人很开心，而按恐惧管理时间似乎让人安心，但二者都不会很有效。运用正念去识别自己的喜好，接受它们，但不要忘记自己的目标。避免推迟你不喜欢的事情，尤其是当这件事还很重要的时候。

2. 当有人试图把我们的注意力转移到他们的任务或问题上时，我们就会被打断。这里的打断并不是指紧急的事情，或是上级指派的要求，因为这些都是必须做的事情，而只是指简单地来自同事或下属的打断。比如，一个希望在没有预约的情况下就能够引起注意的推销员。这些时候要记住，重视别人的事情胜过重视自己的事情并不总是一件好事，这一点非常重要；如果一个人自己都不珍惜自己的时间，他就更不要期望别人会珍惜他的时间。互助当然是好的，但要建立在互惠的基础上，限定在自由的框架内，而不单单只是对恐惧做出反应。通过培养正念，你将可以识别发生的时刻和打断的本质，自己决定是接受它还是把它放到以后。这样,你将对自己的时间拥有自主权,而不是让别人替你做决定。

3. 意外是指突然出现在优先次序列表中的事情。与打断不同,它们是任务的一部分,不能轻易推迟。注意:虽然我们可能会对意外产生某种程度的排斥,但它们也经常蕴藏着机会。不要只是因为它们会给你带来麻烦就错失机会;要仔细思考意外产生的根源,这里也许就藏着更进一步或证明你实力的机会。处理这些意外情况的唯一有效方法,就是预留一些额外的时间给它们,这样我们就可以避免因为一件意外的事情而饱受一整天的折磨。面对意外时,要运用正念去培养自己的接受能力和心理上的灵活性,使我们能够平静地面对它们。这样可以避免产生应激,也可以更好地集中精力解决问题,这才是问题出现的意义。

与时间管理有关的另一个应激来源,是要求的完美程度和进行委派的难度。**要警惕每个人都会存在的认为自己的工作方式才是最适合的方式或者自己的结果就是最好的结果这种思维倾向。**也许人人如此,但这里要说的是建立起你自己的优先次序。整体上尽善尽美,但不拘泥于所有的细节。试着改变你的工作方式,留出一段距离,去看看如果换一个方向努力，你会收获什么。评估教授或培训其他人的可能性，这样就有人去做那些重要性较低的任务。为了可以得到更高的生活质量，你可能不得不在一定程度内忍受相对较差的结果。去关注那些对你来讲真正重要的事情，关注那些属于你工作或个人目标中核心的事情，对其他事情要更加宽容。

就我个人而言，我认为简化生活意味着有很大的潜力去找到那些我们缺少的时间。我经常会问自己，是否有必要做那些偶尔的突发奇想，从那些和我们工作有关的看起来似乎很重要的事情，到那些平淡无奇的事情，比如去实现这个或那个天马行空的想法。如果我感到不堪重负，就会把它们列在一张单子上，然后逐一评估。一般在这个过程中我都会放弃其中一些事情，并把注意力转移到最重要的事情上。

不要让所有的时间都被占满。生活带给我们的许多意外惊喜，都出现在我们日程安排上空出来的时间间隙里，或是出现在我们偶尔临时起意的闲暇时光里。有时我会问自己："我是不是太忙于规划和指导自己的生活，而忘记去关注生活中的点点滴滴？当我能够成为一只可以借助风和气流的力量自由翱翔的雄鹰,我是否还愿意做一只只能依靠奋力扇动翅膀来让自己飞起来的家鸽?如果我真的改变前进的方向,花时间去思考自己要如何生活,带着觉知、带着包容、带着兴趣,生活中发生的一切是否就有了另一层价值?"生活的质量在于态度,而不在于结果。

生活中的重点

我们已经清楚,性格中能够抵抗应激的一个要素是控制。这需要清楚如何管理时间,了解个人的局限性在哪里,知道如何坚定果断地说"不"。而性格中另一个能够抵抗应激的要素是,我们的行为在生活中有意义,我们知道自己在做什么,知道为什么要做。

为了更好地理解生活中的重点,这里用三角形的三个角之间的关系来做比喻,其中的每一个角都代表一个主要的活动区域,共有三个活动区域,分别是:人际关系、职业发展和情感关系。如果这些区域处于平衡状态,我们就会得到一个等边三角形,也可以说我们在一定程度上实现了生活的平衡,如图6所示。

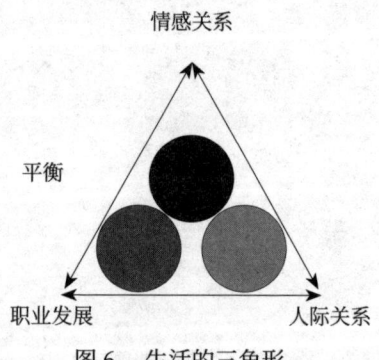

图6 生活的三角形

如果其中的一个角变大，就一定会有另一个角跟着变小，因为三个角的度数总和是固定不变的180度，就像每天只有二十四个小时，任何一个区域中活动的增加，都意味着其他区域的会因此减少。

这种对活动区域的划分并不是一定要按照某个标准严格去执行，它只是一个人思考如何分配他的时间以及他想如何去做时的参考：这是一个需要从长远来看的想法。而且这样做也不能阻止生活中有时出现的失衡，比如一个人开始一份新的工作，那他就必须在工作上下很大功夫，或者当孩子还比较小的时候，就一定会消耗掉你所有属于"我"的时间。但这些情况都不是一成不变的，或者说都不是必须一成不变的，当这些情况过去之后，人们会重新找回这些活动之间的平衡。

精力全部投入到工作中的生活当然可以让人很满足，但这一定是有意识决定的结果，而不是对外在环境的无意识反应。尤其要记得，如果想要避免应激，你就必须关注好你的人际关系和健康。同样的，在孩子还小的时候，你的工作需求和家庭需求占据了你所有的时间，这也完全符合常理。但如果长此以往，你极有可能会因为没办法兼顾自身的需求而感到身心俱疲，甚至可能出现自我价值危机，因为你没有给自己留一点时间，如图 7 所示。

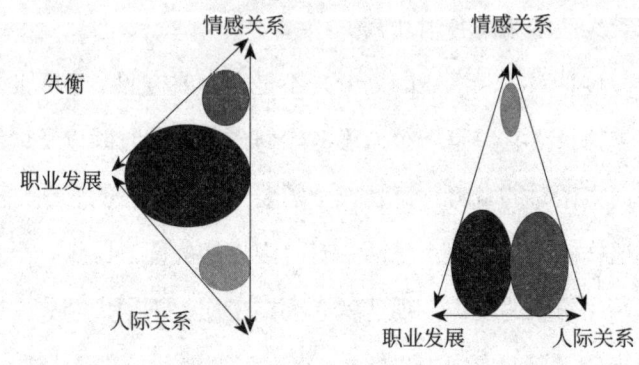

图 7　失衡的三角形

有时，我们会发现某一项活动带给我们的满足感远远超过其他，于是我们就会把精力集中到这个活动上来寻找幸福感。这是一种本能反应，但长远来看，这可能并不是最合适的反应。长期压抑你的幻想、精神慰藉或兴趣，会对你的身心健康产生不可逆转的影响。专注于工作是成功的根本，但是生活不仅仅是工作，我们最终总会退休。不要把所有的鸡蛋都放在同一个篮子里，分散你的风险，探索你所有的可能性，开发你所有的作为人的潜能。

生命是一个宝贵的机会，很多时候，只有在接近死亡的时刻，我们才会真正去珍惜、去衡量生命的价值。像本章开篇提到的史蒂夫·乔布斯那样思考：如果死亡近在咫尺，你会把时间和精力花在什么事情上？想象一下，当死亡来临时，你可以回顾：在这一生中，你会因何事而自豪，你会因哪些错失的过往而惋惜，又会因为哪些还来不及尝试而遗憾。如果你认为你的生活应该做出改变，那么，认真地去考虑，不要心急，让你的心去指引你。

第十章

行动计划:境由心造

不管你能做什么，开始去做吧。

胆识将赋予你天赋、能力和神奇的力量。

——歌德

为了实现减压的目的，我们通过很多方式对正念加以利用，包括运用正念提前识别压力迹象、评估应对策略的运行情况。在接下来的内容中，我们会看到将正念融入生活中的重要性，这样我们就可以培养一种可以长期应对压力的免疫力。

本书已经将正念训练和正念运用二者加以结合：规律的冥想或瑜伽练习，并辅以一些特别练习，如情绪调节、有意识沟通或自信。如果可以有规律地进行规范性技巧的练习，并将正念运用到日常生活中，就可以得到更好的效果。应用会随着实践而增长，因为在开始的时候觉知程度通常都很低，觉知程度是随着时间被培养出来的。

我们可以从正念练习中得出的一个结论是，内心和内心的思想在很大程度上影响着我们对生活的体验。如果一个人的思想中充满了和谐、接纳、快乐或希望，他的生命体征就会跟着改善：他的血压会降低，肌张力变小，应激反应也会减轻。所以重要的是，你要知道培养哪种思想和情绪，并了解哪种方式才可以给你的生活带来更多的和谐。像祥林嫂一样总是抱怨自身不幸的人一定是活在痛苦中的人，因为他们总是倾向于看到事情消极的一面。天堂和地

行动计划：境由心造

狱只在一念之间，就像下面这个日本小故事所讲的一样。

传说在封建社会时期，一个军阀带着他的军队走到一座著名的寺院附近。这个头目嗜血成性并且特别好斗，对和尚也不是特别的尊重。不过，因为有人对他说过这里的住持是一位非常有智慧的人，所以他决定停下去拜见这位住持。

他见到了住持，住持被一些年长的和尚团团围住，坐在大殿中央的座儿上。住持的对面是军阀和他的属下，他们对着这些手无寸铁的和尚表现出极其傲慢的态度。

这个割据一方的军阀想要在他的军队面前装装样子，在自我介绍之后，他问住持天堂和地狱有什么不同。大家都沉默了，目光都集中到了住持身上。面对这些不速之客，住持一直保持着那种澄澈、平静和悠远的目光，仿佛在禅定中。过了一会儿，他仍然没有开口说话。这个军阀站起身，略带愤怒，走到住持面前高声把问题重复了一遍。时间一分一秒地过去，住持依然一动不动，一言不发。这些和尚开始感到害怕，这个军阀觉得这个住持完全不把他当回事，而士兵之间也开始出现骚动。

军阀怒不可遏，举起宝剑威胁住持道：

"你以为你是谁,一个傲慢无礼的臭和尚?!如果你不马上回答我的问题,我就用剑砍断你的脖子!"

这时候,住持不失镇静地对军阀说:

"您现在的感受就是地狱。"

这个军阀,看到住持终于回答了他,感觉得到了重视,他的尊严也因此而得到了维护,于是把剑放回了剑鞘,并再次坐下。这时住持补充道:

"您现在的感受就是天堂。"

我们怎样才能找到置身天堂的时刻,又该如何减少在地狱中停留的时间?或是,如何可以让生活中不可避免的痛苦时刻不再被放大?当生活中的一切看起来仿佛都失衡了的时候,我们又该怎样才能恢复平衡?

首先你要意识到你判断的感受——愉快或不愉快,吸引或排斥。当出现这些感受时,观察它们是如何表现在你的言行举止中的(说话语气、手势、做出的选择)。要意识到这是你的本我在你所处的外部环境以及你周围的人的作用下呈现出来的样子。如果你认为结果并不符合你的预期,不要期望别人做出改变:看看你能做些什么来创造出更多的和谐、更多的信心和更多的理解。相信你拥有的资

行动计划:境由心造

源足够应对可能出现在你面前的挑战。

　　试着了解你的心理状态是如何影响你的行为的。经常关注你的身体感觉，看看它是如何表达、如何移动的，看看它都吃了、喝了、读了、看了和说了什么，又是如何影响你的所思所想的。以呼吸为媒介，让呼吸把你的意识带到一个更平静、更放松的状态，把它带到此时此地，教会它活在当下，接纳最真实的现实。记得，反复思量后做出反应的可能性永远存在，它会逐渐代替原本突然且盲目的反应。

　　观察一下，就在当下一直停留在你眼前时，你的意识花了多少时间停留在过去和未来。你要知道机会只存在于当下，它也没有耐心等待。再想一下"我""我的"……这种仿佛自己是宇宙中心之类的问题占据了你多少精力。真的有必要让自我占据这么多的空间吗？这不会带来痛苦吗？有可能换一种方式重获新生吗？

　　不要失去和你的情绪之间的联结，关注它的质地、强度和能量。仔细观察，当你感到焦急、恐惧、妒忌、羡慕、焦虑或悲伤时，伴随这些情绪而来的想法是什么：是清晰的还是盲目的？是痛苦的还是平静的？相反，当你察觉自己出现幻觉、安全感、满足感或平静的喜悦时，你的感受是什么。

两千五百多年前，佛祖释迦牟尼在涅槃前，鼓励他的弟子研习他的教诲，并告诉他们：如果他们觉得某样东西没有用处，即使拥有，也不会运用到实践当中；反之，如果他们发现了有用的实践，就会全身心地去应用它们。佛祖告诉他的弟子，从那一刻起，他们每个人都将成为照亮他们自己道路的光。这可能是正念的最终作用——照亮人生的路：这是为我们在混乱和黑暗时刻指引方向的光，或是照亮得意和喜悦之时的光；这束光是我们找回内心自主权的力量，是我们人格尊严成长的养分。

到这里，这本书已经接近尾声了。如果你突然产生一个很有趣的想法，那么不要让它只是停留在你的头脑里，因为只停留在想的阶段通常都没什么用；把它带到你的心里，并付诸实践。心之所向，身之所往，而后行之所至。正如歌德在引言中所说的，**当我们全身心地投入到某件事当中时，生活会赋予我们实现它的天赋、能力和神奇的力量**。

行动计划：境由心造

实践指导篇

第一章

应激应对七原则

一、活在当下

现实每时每刻都在变化发展,每个瞬间都不同于前一刻,每一刻都独一无二:活在当下,不要因对未来的幻想或对过去的回忆而让现实从你眼前匆匆溜过。

虽然我们需要一定的能力来筹划和准备未来,但很多时候我们不停地探索未来各种可能的场景,在预测未来上浪费太多力气。这并不是什么好的倾向,而且通常会产生焦虑或应激,所以就有必要对这种倾向进行调节。同样的,对过去发生的事情进行反思可以让我们吸取经验教训然后应用到未来,但如果过度沉溺,反复咀嚼过去的回忆,这样做反而会减弱我们解决问题的能力。反刍也同样不是好的倾向,因为它会导致抑郁,所以也必须对这种倾向加以调节和控制。

正念对于焦虑、应激和抑郁的预防用处都非常大,因为正念有助于将注意力集中到当下。

二、不做判断

每一个判断都会让人产生一种情绪上的紧张,这种紧张会让个体在面对事件时表现出下面三种态度中的一种：支持、反对或中立。这些态度影响我们的外在表现，并对后续的关注进行引导。

　　培养一定程度的面对各种情境时的公正性，可以让我们暂时停止判断或避免做出判断，从而能够更好地了解现实，而不必从情绪上将我们自己与现实联系在一起。要记住，所有的事件都是由一系列的因产生的果，而这一系列的果又是其他的果产生的因，如此循环往复，因果相连。能够在不做任何判断的情况下去体验一个事件，是第一个程度上的自由。判断是最大的应激源之一。不断地建立判断并对判断进行归类，意识就会限制人们对现实的感知，同时也会受到对应情绪的制约。

三、相信自己

　　任何人都不要无视自己内心的声音，也不要认为幸福取决于外部因素。尽可能地做你自己，现实是唯一的真实，所以在现实给予你的此时此地中寻找幸福。很多先哲都曾经提出，我们今生的任务就是成为真正的自己，把自己从不属于这个本质身份的一切中解脱出来。

相信自己,相信自己的感觉和自己的智慧,每个人就都能够承担起属于他自己的责任,并充实地生活。这种对自己的信心让我们能够倾听并彻底地打开自己,去拥抱当下的现实。

四、初学者的心态

专注当下,就不会再通过过去的情境对现实进行解读,这就让你可以利用所有出现在眼前的机会。每一个情境都是一个全新的情境,每一刻都是独一无二的一刻,所以要好好利用它们。困境中,试着去培养好奇心,不要只是忧心忡忡。如果我们有足够的好奇心,以初学者的心态去观察,那么发生的任何事情都可以让我们有所收获。

五、对过程的兴趣

任何的欲望都会让我们的意识失去平衡,因为它将我们的注意力引向另一个方向并使我们产生期待,这些期待是我们对未来欠下的债,同时也造成了某种紧张。但这并不意味着我们应该放弃未来的目标，而是应该更注重过程，即产生动因来实现我们所渴望的目标的过程。

你要知道，人不可能得到自己想要得到的一切。任何的成功都离不开有利于成功的外在环境。但人要对自己的动机、意图和给予过程的关注程度负责。另一方面，执着于一个目标会让你无法看到其他可能更有价值的机会。

六、接纳现实

俗话说：你抗拒的东西会一直存在，你接受的东西才会发生改变。只有接受了，我们才能努力去改变些什么。接受每个事物的极限是实现目标的基础。不过，有极限的是一个人所处的外在环境，而不是他内在身份的特征。不要认同内在身份的局限性，也不要限定界限。

耐心是智慧的一种外在表现形式。相反，不耐烦则是希望事情按照你想要的节奏发展，而这通常都是不符合实际的。另一个问题产生的根源，是我们试图改变他人。正如甘地所说：如果你想要改变世界，就必须先改变自己。试着让事物顺其自然地发展，然后再去看看你身上发生了什么。

但不要把"接受"和"妥协"混为一谈，有些事情是注定的，而有些事情只有先被接受才能被改正。记住那段祈祷文："主啊，给我力量去改变能改变的，给我耐心去接受不能改变的，给我智慧去区分它们。"

七、关注自己

如果想要获得正念，就必须和自己建立起一种积极的联系；通过这种方式，就可以获得足够的心理灵活性，从而能够培养出对现实更准确、更健康的觉察。这种与自己的联系要融入接纳、爱、包容、耐心和勤奋，这样才可以改变个人与自己和与外在环境之间建立的联系。

缩略语表——培养正念的七个原则

	活在当下
	不做判断
	相信自己
心态	初学者
	对过程的兴趣
接纳	现实
	关注自己
每一口呼吸都是一个全新的开始	

第二章

身体探索

正念减压的第一个练习是对身体的扫描或是对身体的引导探索。这是一项我们可以每天在家进行的时间为30或45分钟的训练，至少要两周才能开始感受到效果。这个练习可以按照这里提供的指导来完成。

为了可以最大程度地发挥这个练习的好处，有两个关键因素需要考虑。首先是冥想练习，这个因素也就是要求你坚持不懈地去觉察结果。缺乏坚持是那些在这条道路上冒险失败的人的典型错误之一。其次是，从冥想的角度来看，只有接受现实，无论它是多么痛苦、多么不堪或是多么不受欢迎，才能改变、成熟和疗愈。这也意味着，在这项练习中，我们必须努力去接受一切随之而来的东西：身体上的不适、疲惫、不愉快的想法、无聊、更多的压力……

即使你认为自己没办法集中注意力，做得很不好，那也没关系。只是去觉察所有的想法和念头，然后继续。你将可以验证——这是一堂伟大的实践课——不管发生什么，我们一直都在继续，一直到练习结束时，内心一片澄明。这是内在平静之路的起点。

可以躺在地上的垫子或毯子上进行冥想。这个练习将会帮助你进入并保持在深度放松的状态，包括身体上的放松和心理上的放松。

所以，只有待在一个你喜欢的舒适而安静的地方才有利于冥想的练习。选一个适当的你不会受到干扰的时间。把它作为一个独处的机会，一个恰当且必要的恢复你内心力量的机会，一个与你的坚强和健康之源联结的机会。

尽量穿宽松舒适的衣服，你可以摘下手表或脱掉鞋子。确保你身上没有任何会让身体感受到压迫的物品。舒服地躺在那里。你可以盖一个薄薄的毯子，或是穿着外套，具体看你是在什么季节练习，因为躺在那里不动体温会降低，就像我们在睡眠中一样。

冥想练习最好是仰卧在垫子、毯子、厚地毯或床上进行。要注意你是否可以舒服地呼吸，腹部、胸部或颈部都没有任何压迫感。你也不需要戴眼镜，因为练习过程中我们的眼睛是闭着的。

冥想过程中不要有任何移动，这一点很重要。如果你觉得仰卧不舒服，可以在身下垫一个垫子；你也可以以其他任何你觉得舒适的姿势进行冥想练习。相比而言，重要的不是你的练习姿势，而是你的专注程度和获得的感觉；所以，不进行任何移动很重要。

你不需要特别努力地去放松，因为这样会造成紧张。只去觉察每一刻正在发生什么，原原本本地接纳此时此地正在发生的一切。

当你躺下的时候，让身体一点一点地放松，把你的注意力带到呼吸上，自然地呼吸，并保持这个状态一段时间。介绍完身体探索，接下来开始介绍冥想。

身体探索冥想

1. 仰卧，躺在垫子上，或者是躺在其他舒服的地方。轻轻地闭上眼睛。注意呼吸的流动，感受每次吸气和呼气时腹部是如何起伏的。

2. 现在，花几秒钟的时间去感受身体与地面接触部分的感觉。

3. 身体扫描这项技巧，是专注地让意识在全身流动，觉察身体的每一个部位。首先，把注意力带到左脚的脚趾上。试着将你的呼吸引导到脚趾上，感觉像是你通过脚趾吸入空气，然后再通过脚趾呼出它。想象着，空气在全身流动，从鼻子进入肺，然后经过腹部，沿着左腿缓缓向下流动，一直到脚趾。然后，沿着原路返回，最后从鼻子呼出。让自己去感受左脚脚趾的每一种感觉，识别它们，观察它们。如果在这一刻，你没有任何感觉，那也没关系，就让自己去感受一种"没有任何感觉"的感觉。

4. 当你准备好离开你的左脚脚趾并继续感受身体别的部位时，更深地、更用心地吸一口气，让这次吸气一直抵达你的脚趾，然后在呼气时，让它们溶解在你的"意识眼"

中。保持注意力进行几次吸气和呼气，然后让空气流向脚底、脚跟、脚背和脚踝。你要继续保持呼吸，从你当下正在专注的部位将空气呼入然后再呼出，并观察你体验到的感觉，然后把这些感觉留在那里，再继续把呼吸带到下一个部位。

5. 当你的注意力从你正在做的事情或正在探索的身体部位偏离时，把注意力重新带回到呼吸上，然后再回到你一直在探索的身体部位上。保持这种方式探索身体的不同部位，接着延伸至你的左腿和身体的其他部分。呼吸，专注在感觉上，然后放开这些感觉。经过训练，你会流畅地进行这项练习，也会更容易地与你的当下建立联结。

6. 试着每次都让呼吸按照同样的路线流动，不要落下任何一个身体部位，不要想要得到某一种具体的感觉，也不要因为身体的某些部位没有感觉而觉得不好。如果你分心了，不要自责或哀叹，回到失败的地方然后继续，不要把它看得太重要。不要让急着完成的不耐烦催促你在过程中走得太快，还要到结束时再拖拉着浪费时间。耐心地花一点时间在身体的每个部位上，等着感觉的出现，让你的意识识别它，同时吸气，然后给这个识别一个心理上的微笑，同时呼气。

第三章

专注呼吸

每次至少练习10或15分钟，每天至少一次。

我们建议你坐着练习这个冥想技巧，但如果没办法坐着，其他任何姿势都可以，只要保持警觉并遵循所示的指导即可。如果你没办法坐着进行这项练习，那可以找一个温暖舒适的地方，在那里放一条毯子，然后仰卧在毯子上，但注意不要进入睡眠状态。

你可以坐在椅子上，也可以坐在铺在地板上的垫子上。坐下之后，要确保你的脊柱是挺直的，但不要过度强迫脊柱造成紧张，保持一个庄重的、稳定的和舒适的姿势。最好不要让背部靠着椅背或墙壁，除非你背部感到不适或有损伤；如果存在这种情况，尽量同样保持一个挺直的姿势。

身体准备

注意去感受你的脊柱现在是什么感觉，从尾骨底部一点一点地向上延伸到颈部和头部。必要时纠正姿势，以避免出现不必要的紧张。确保肩部是放松的，且略微向后旋，手臂舒适地放在膝盖上或椅子上。感觉头被脊椎顶端轻轻地托起，让头找到一个感觉舒适的位置，放松肌肉，但要保持抬头挺胸。缓缓地闭上眼睛，用鼻子去呼吸。闭上嘴，但不要绷紧嘴唇，让舌头轻轻地顶着上颌。

确定姿势后，练习期间尽量保持不动。如果你需要移动，动作要非常缓慢，而且要带着正念，移动时动作幅度不要过大，以免失去专注。

专注于呼吸的冥想

现在，花点时间来识别呼吸在体内引发的感觉。这个观察的首选位置是鼻子，识别空气在吸入和呼出时鼻孔和上嘴唇的感觉。如果你觉得这个位置的感觉不容易识别，那就把注意力放到随着每次呼吸而扩张和收缩的胸腔上，或者你可能更喜欢把注意力放到会随着每次呼吸而上下起伏的腹部上。如果愿意，你可以深呼吸两到三次来准确地确定观察部位，然后恢复自然呼吸。

观察部位确定后，在整个练习过程中你都要把注意力保持在这里。如果呼吸变得更加细微敏感，不要担心，这种情况是正常的；把所有的注意力都放在觉察选定部位呼吸时的感觉上。

不要试图用任何方式改变呼吸，任何时候都不要控制呼吸；只是去感受呼吸的流动，和选定部位产生的感觉。这就像在与每一次吸气和呼气跳舞，让呼吸的节奏带着你舞蹈。深深地吸气，舞蹈从开场到闭幕；缓缓地呼气，舞步从开始到结束。充分地感受当下，感受吸气和呼气相遇后擦肩而过的这一刻。

呼吸是一个连接当下的锚，是一种与当下即刻体验接触的方式。通过观察向内的流动和感受向外的流动，你也许可以在这一次呼吸流动结束和身体准备开始下一次呼吸之前觉察到呼气结束的那一刻。这就是随着一分一秒的时间和一次又一次的呼气吸气之间展开亲密接触的过程。

不抑制念头也不鼓励念头

你可能会发现，当你不再专注于呼吸的时候，你的意识就会被某个念头带走。这是正常的，意识总是游荡不定的，经常会从一个念头跳到另一个念头，直到找到它感兴趣的东西为止。这个念头甚至会改变呼吸节奏。别担心，开始的时候总是要花一点时间才能让意识停止波动。所以，你必须要时时认真观察，在发现意识波动的那一刻就让注意力回到呼吸上，这就是这项练习的目的。当你觉察到你的意识被念头带走时，可以利用下一次呼气放开这个念头，把注意力重新带回到你的呼吸上。不去关注念头的内容，不去批评，不做任何判断，只要觉察到意识已经被带走，就温柔地邀请它回到对呼吸的专注中，继续观察每一次吸气和呼气的流动。

你可能会注意到，你的意识停留在过去，停留在最近的某件事，或者是很久之前发生的某件事上。它重温着某些回忆，或是希望它们能换一种方式重新来过，计划着未来；或者希望事情如它预期……没关系，大家都是这样，所有情况下的训练都是这样的：把意识带回当下，带回到对呼吸的觉知中。在这项练习中，你出现什么样的念头并不重要；你要做的是觉察到意识被念头带走后，对意识进行训练，让它温柔地回到对呼吸的专注中。

只有一个时刻是真实存在的，那就是当下。你必须活在此时此地所发生的一切中：注意呼吸从外到内又由内到外的流动，一次又一次，像是此起彼伏的海浪。感受呼吸，你就像漂浮在海浪中的一艘小船，随着一呼一吸起伏，载着平衡，载着质朴，载着正念，直到设定的时间结束。

第四章

冥想、瑜伽和其他运动

坐着或躺着冥想可以辅以其他动态型的正念训练技巧。你可以按照我接下来的建议进行某一项动态型正念锻炼。

有些人更喜欢静态的冥想练习，而另一些人却更喜欢动态的冥想练习。不过，最有用的方法是将二者结合起来练习。记住这句箴言，"老师藏在我们最不喜欢的地方"，尝试在一个时间段内练习这两种技巧。

站立冥想

为了可以更容易地进入到合适的心理状态，建议你进行下面这个简短的预备练习。你可以站着，最好是赤脚站在地板或地毯上，双脚微微分开与肩同宽，双臂随意地垂放在身体两侧，闭上眼睛。最好通过鼻子呼吸，让腹部自然地扩张和收缩，这种呼吸方法被称为"横膈膜呼吸法"。观察呼吸进入和离开身体的这个过程，然后把注意力集中到脚掌上。观察两只脚掌之间的重量是如何分担的，地面是如何支撑它们的：尝试去识别脚掌与地面接触的点，脚趾是否完全贴在地面上，是否可以觉察到与支撑面之间的感觉以及支撑面的构成或温度。

接着，你可以从小腿开始，一点一点仔细地观察你现在的姿势。从脚踝开始，观察身体是如何被腿支撑起来的。观察膝关节是否内扣，如果存在内扣情况，最好外旋一点点，这样灵活性会更好。观察腿部或臀部是否有紧张感，如果有，试着释放这种紧张。

观察脊椎有什么样的感觉，从尾骨底部开始一直向上到颈椎，如果没有对齐，则调整椎骨使其对齐。如果发现你的肩部呈内扣或紧张的状态，外旋肩部，并让你的手臂自然地垂放在身体的两侧。轻轻地向上伸展颈椎，让椎骨延展放松，保持头部一直是竖直的，同时保持平静而绵长地呼吸。

现在，让你的注意力集中在身体的重心上，脚掌牢牢抓地，让身体在不睁开眼睛的情况下轻轻地向左右两侧摆动。轻轻地、一点一点地观察身体的重量是如何影响脚掌的触感的，不同的肌肉是如何被激活或放松的。停一会儿，现在试着在脚不发生移动的情况下慢慢地前后晃动你的身体。观察当移动接近某个点时会产生哪些情绪，注意在这样做的时候不要强迫自己，要保持舒适。令人好奇的是，闭上眼睛的时候身体是如何精确地掌握位置和平衡的，又是如何同时协调肌肉来进行调整的呢？你可能会感觉它就像一根被微风吹动的芦苇，风并不会改变它的内在平衡，一旦风平息下来，它就会恢复自己原来的位置，不需要任何外部力量。

　　重新回到站立冥想的姿势，站在那里不动，继续闭着眼睛，关注那种稳定而庄重的感觉。它可能会让你觉得站立的姿势是人类独一无二的一个特征，是几千年来塑造我们的骨骼使它适应这个姿势的进化的结果。这个姿势给我们带来了无限的可能，让上肢能够自由地工作、拥抱、拿东西、传递东西或提供帮助。在这里保持一会儿，感受一下我们的祖先之一"直立人"定义的这个姿势。你可以将注意力集中在你的身体或呼吸上几分钟，直到开始下一项练习。

行走冥想

这是一种非常容易掌握的可以在走路时训练正念的技巧。不过，最好是先在房间或院子里进行准确的训练，不要直接去其他地方练习。这项技巧是在走路的过程中保持注意力，非常缓慢地注意到所有的细节，没有具体的目标，比如去哪里，或以某种方式走路。

首先，以站立冥想的姿势站好。确保身体挺直，肩膀后旋，胸部打开。通过鼻子呼吸，最好是采用横膈膜呼吸法，找到一个能带给你稳定和庄重的感觉的姿势。你可以让手臂像前面一样自然地垂放在身体的两侧，或者，如果你愿意的话，可以让手指交叉，掌心向上，双手握在一起放在腰部下方。眼睛睁开，一直注视着身体前方一米处的地面。

先轻轻地向前挪动一只脚，观察在第一阶段，也就是当脚掌从地面抬起时，哪些肌肉被激活。然后观察这只脚是如何在空气中移动的，这对应第二阶段，接着再体验第三阶段，即脚落地时的感觉。最后，观察身体的重量是如何移动到这只脚上的，以及地面是如何在维持原状的情况下支撑着身体的重量的，扩大脚掌的接触面，并感受这种触感，这是第四阶段。然后另一只脚以同样的方式一步一步地重复这四个阶段。每一个阶段,每一个脚步,都把注意力集中在脚和平衡上。走得越慢越好,但不要停下来。当你走到房间的尽头时,同样小心地转过身来,在准备开始转过身来向回走的时候,先停下来回顾一下自己的姿势——脊柱挺直、肩膀后旋、挺胸、抬头、保持庄重。一步一步地走,眼睛直视脚的前方,慢慢地但连贯地移动,保持优雅并维持同样的姿势从房间的一侧走到另一侧,然后再回来——或者,如果你愿意,可以走着画出一个大圈。

当你掌握了走路的节奏之后,就可以在走路的过程中再去调整呼吸的节奏,让这两个过程同步。对此,你可以在第一阶段和第二阶段吸气,也就是当脚抬起并在空中移动时吸气,然后在第三阶段和第四阶段呼气。甚至如果你愿意,也可以在每个阶段完成一次完整的呼吸,只要你觉得舒服、自然并且不强迫自己就可以。

你要感觉每一步都是一个特别的仪式。要知道你是多么幸运,能直立行走,这是我们在生活中总会忽略的事情。不要让意识被与有觉察地走路无关的念头带走,如果有念头出现,那就放下,然后让注意力重新回到走路当中。你可以把走路当成一场神圣的仪式,这样你可以感受到每一步的重要性。如果你穿过花园或天井，观察你脚下的土地，用心地对待它，它是这个无垠的宇宙中一个特别的存在，它是我们的宇宙飞船，只有这里有生命存在。

在完全熟悉了这个过程之后，你就可以采用更快更清晰的节奏，并在街上走路时运用这项技巧。在街上走路时也可以只分为两个阶段，或是一步一个阶段。现在你会发现你的视野更开阔了，这时你可以用另一种节奏来调节呼吸，但要把注意力集中在走路上，走路和你要去的地方一样重要。如果它对你有帮助，你可以在一只脚支撑时感受到觉知，换到另一只脚支撑时内心在微笑，实现正念行走的乐趣，而不会让有关目的地的想法分散你的注意。观察气味和颜色，感受空气和声音，不要让它们被解读成另外一个样子：这个地方就是这个样子的，不要试图去改变，也不要做出判断。把每一次行走的旅程当成一个觉知自己、认识自己的机会，当成一个感受阳光、雨露、寒冷或炎热……这些环绕你周围的环境的机会，这一切都是生活的一部分。即使这段旅程可能有些匆忙，但也要引导念头进入冥想，而不是让它四处游荡，将意识从旅程中抽离；让自己去感受那份匆忙，把这份匆忙当成那一刻的情绪去感受。

瑜伽和其他运动

有些人把这种需要柔韧性或拉伸的运动称为"瑜伽"。"瑜伽"这个词在梵文中的词根是"yugo",意思是身体与意识的统一和联结。瑜伽也是一种冥想方式,如果定期练习,对那些希望获得更高的健康水平的人来说,是一种很好的方法。

通常来讲,我们所说的瑜伽是一系列"体式"的串联,"体式"就是一种对健康非常有益的瑜伽姿势。你可能会发现在家练习很有用,或者你更喜欢报一个班,班上的老师可以更好地向你展示练习技巧。你可能正在练习瑜伽,或是曾经练习过瑜伽而现在需要找到一个重新开始练习的理由。

有些人练太极,这也是非常有益的运动,还有些人去游泳、跑步、骑自行车、打网球,或是在健身房里锻炼。所有的这些活动都可以在运动本身的基础上为你带来附加价值,如果你是带着正念去做的话。当我们在泳池里游泳或是在路边跑步时,也可以建立起身心的联结,这种带着正念的体验生活的态度可以为锻炼增值。

要注意的是，当你练习某一项运动时，把你的注意力集中在你的呼吸和对身体的感觉上，让你处理念头和想法的那部分意识休息一下，也就是说，让意识保持在当下，保持在对身体的觉知中。找到一种方式来切断你和担心忧虑之间的联结，不要用这段时间来计划、反思或幻想。如果你是报班和很多人一起练习，那就尽量避免因为觉得太过安静而说话，集中精力练习，把你的意识，也就是你的注意力，集中到身体上。

保持对身体的觉知，你正在做的运动才会更好地开发你的身体，而且还可以避免给身体带来伤害，效果也会事半功倍。同时，把自己从念头和想法中解放出来，这样会让你的意识得到休息，从而更有效地减少压力。

在练习中保持正念意味着对你的极限进行探索，达到极限，但不要强迫自己超越极限。你可以通过努力让自己在保持呼吸的同时待在这些极限里。带着正念练习需要你尊重自己的身体，并觉察到身体传递给你的信息，通过这些信息决定什么时候应该停下来，或避免某个可能会给你带来伤害的姿势。

结束和放松

当你结束刚刚进行的练习时,不要赶着去做今天的下一个任务。瑜伽课结束后,通常都要躺在地板上放松几分钟。如果你做的是其他练习,也做一些放松。花一点时间与你深层的自我进行联结,放松地呼吸几分钟,带着正念,让你的身体表达出它现在的感觉。

为自己高兴,因为自己投入了这段时间来关注自己的身体,让自己的意识也得到了休息;更是因为自己摆脱了繁忙的事务,或离开了周围的喧嚣,来到这里,只为了可以和自己待在一起。

还要记住,有规律地进行正念锻炼可以帮助你保持身心健康,从而能够更好地享受生活。

第五章

引导冥想：每天 45 分钟

减压课程中,我提供了一些冥想技巧指导,这样你就可以在家里自己进行练习。你可以自己把这些指导的内容记录下来,练习时要注意控制时间来获得指导,直到你完全熟悉这些指导的内容为止。

这种冥想练习有三个阶段,每个阶段可以等分成 10 到 15 分钟,这样你就可以根据自己的喜好对这三个阶段进行调整。姿势和第一阶段是基于专注呼吸的练习,具体内容可以参见实践指导篇第三章。第二阶段是基于身体探索的练习,具体内容可以参见实践指导篇第二章,但区别是这里是从头到脚进行探索。第三阶段探索其他带着正念的心理含义。如果你喜欢的话,可以在第二和第三阶段之间穿插行走冥想练习,具体内容可以参见实践指导篇第四章,以此来消除身体的麻木感,或是做一个暂停。

保持对这项练习的专注是很重要的。所以,你可能需要一个类似闹钟的装置,这样你就不需要去看时间。

首先,让自己坐着,以冥想的姿势待在那里。最好是坐在椅子或放在地板上的垫子上,背部挺直,头部伸直,腰部没有压力。轻轻地闭上眼睛,深呼吸几次,然后进入自然呼吸,用鼻子来吸气和呼气。如果需要,调整身体的姿势,同时准备开始冥想。

引导冥想:每天 45 分钟

第一阶段：专注呼吸（10 到 15 分钟）

我们要把注意力集中在我们能感受到呼吸的地方——可能是腹部，也可能是上嘴唇区域和鼻子。作为一个观察者，我们要专注地观察呼吸，从吸气开始，到呼气结束，一次又一次，循环往复。每一次发现意识被带走，都要重新把它带回到呼吸中，不要叹息，也不要生气，只是温柔耐心地把它带回来。你必须坚持不懈并且勤奋地练习，这样才会达到一定程度的心理稳定，然后才能进入到第二阶段。

第二阶段：身体探索（10 到 15 分钟）

现在把注意力集中到探索身体的感觉上，从头的最高点也就是发旋处开始，耐心地等几分钟，等到出现某种生理感觉为止，像是热、冷、刺痒或其他任何感觉——也可能没出现任何感觉，这时你可以去觉察这种没有感觉的感觉，这种感觉也是有它的意义的。接下来是探索脸部，从前额开始，一个部位一个部位地去觉察，去关注眼睛、脸颊、鼻子、嘴唇和下巴。意识的移动要尽可能地慢，带着注意力，然后去捕捉每个部位出现的所有感觉，但不是要寻找某个具体的东西或去想象一种感觉。你应该去觉察当下的现实，不去关注是什么样的感觉，也没有任何偏好。

当你探索完脸部和头部后，让意识缓慢地绕着脖子周围的皮肤移动，然后沿着右臂向下，一点一点地向手的方向移动。如果可能的话，让意识停在手指上，然后去识别你手上出现的一些特殊感觉。接下来再慢慢回到颈部，使另一只手臂重复同样的过程。慢慢地，一个部位一个部位地，不遗漏任何区域，好像你的注意力正在小心翼翼地铺开一条绷带。

引导冥想：每天 45 分钟

当手臂结束后，再让意识来到喉咙，然后从喉咙到胸腔，一点一点地去观察左右两个胸腔，然后来到腹部，到达生殖器区域。如果你发现了空白区域，那就先停留在那里一会儿，看看是否会有什么出现，然后，不管在空白区域中是否有所发现，继续你的探索之旅。你必须以一种能让你观察到所有感觉的细节的速度去探索身体，但这种速度也不能慢到让你的意识不停地被带走。把每一种出现的感觉都记录下来，但不要让意识被出现的想法或念头带走，因为被带走就会出现分心。为了避免这种情况出现，作为一个中立的观察者，要让意识只记录它体验到的感觉，而不对这种感觉做出任何判断或产生任何想法。

身体的前部区域探索完之后，再重新回到颈部，然后开始探索背部区域。你可能会观察到某些强烈的感觉支配着你的注意力，让它围绕着你身体的某些区域打转。如果你发现任何强烈的感觉，就要更专注地去探索它，就像一个态度公正严谨的科学家想要绘制一张地图。观察发生了什么，但不对它做出判断或产生想法。你可以去识别在这个区域的具体感觉，可能会察觉到刺痛、瘙痒、灼热、拉伸、压力或其他任何感觉。试着去探索产生感觉的周围区域，探索它们的深度、它们的极限、它们在不同区域的强度。

　　后背部区域探索完成后,接下来以和探索手臂同样的方式探索生殖器所在区域,然后是两条腿。完成后,可以让意识再回到头顶的发旋处,然后可以按照同样的路线再来一次探索之旅,或者,如果你愿意,可以按照相反的顺序进行探索。重要的是要保持注意力的集中,让意识走遍身体的每个部位,并最大限度地捕捉出现的感觉,不做判断,不让意识被想法带走,并且整个过程中要一直遵循正念的原则。

第三阶段：不做选择的关注（10 到 15 分钟）

在引导冥想的这个阶段，我们要来探索其他现象。当你准备好之后，再次与你的呼吸进行接触，把每个吸气作为开始的一刻，把每个呼气作为放开手让过去成为过去的机会。

在这个阶段，你可以让觉知关注外在和内在的声音，识别任何一种进入到你觉知范围内的声音，撇开差别或偏好，所有的声音都去关注。街道上的、屋子里的，仿佛这些声音是你自己的一部分，哪怕是孩子们制造的喧闹声，或是屋子哪个结构发出的噪声，或是电话铃声，或是飞机划过的声音，或是鸟儿叽喳的叫声……让注意力去探索这一个又一个声音，让它们一点一点地出现在觉知中，不去分析声音是愉快还是恼人的、让你开心或是不快的……，只是去觉察它的存在、音调、强度和持续时间，不在乎它的前因后果。用 2 到 3 分钟去探索你周围的听觉世界。

就像声音在觉知中出现和消失一样，你还可以观察到其他具有同样性质的现象，比如每时每刻都可能会出现的情绪或念头，观察它们是如何出现、如何发展的。如果没有新的情绪或念头出现，它们是如何慢慢消失的。让你的注意力不做判断地去探索出现的任何念头或情绪，或是止息在念头与念头之间的空隙里，接受情绪和念头一直停留在这里和很多时候似乎生命本身也存在于这些念头或情绪当中的这个事实；观察它们，像是一个见证者，或是仿佛正在看一部电影，但不要忘记，它们是存在的，它们是真实的，它们总是在你最意想不到的时候出现；承认念头和情绪是当下的一部分，但不要让臆测混入到这些念头中。这样你就不会对这些念头做出反应。在不关注内容的情况下，去观察在觉知中形成念头和情绪的过程。也许你可以把觉知的空间想象成一片蓝色的天空，想象着内心出现的念头或情绪仿佛是天空中突然飘过的云，体积一点一点变大，所以形状也在慢慢地发生变化，一直到被吹散在风里，消失不见。一朵又一朵白云……一个念头、一种情绪……它们往复交替，不曾停歇，可同时又可以保持意识的平衡，像是天空允许云的存在，也未曾去改变它的颜色……用 2 到 3 分钟的时间，不要太匆忙，像这样去探索包含在你意识中的内容。

现在，让你的意识任意飘荡，可以是觉知范围中的任何一种出现在身体中的感觉、任何类型的感觉，或是几种感觉，也可以是所有那些和身体有关的感觉；同时允许声音的存在，任何能够抵达你耳朵的声音，出现在你的注意力范围内的声音，让它就那样存在于那里。把任何可能出现的情绪或念头纳入到你的觉知范围中，但不要让它把你的意识拖走；按照这种方式来扩展觉知，包括此时此地能够体验到的全部感觉，把它们都纳入到觉知范围中，不去渴望事物改变它本来的样子，完全接纳这一刻，有意识的这一刻；去观察现象是如何在一个过程中一次又一次反复出现的，事物不断发展变化，没有什么是静止不动的。观察的过程中，不去强迫，不带有任何企图，随顺一切。你可以在这个状态下平静地等待你的冥想结束。

结束

　　你可以为自己高兴，因为自己投入了这段时间滋养自己并关注自己的身体；更因为自己摆脱了繁忙的事务，并离开了周围的喧嚣，来到这里，只为了可以和自己待在一起。还要记住，有规律地进行冥想练习，可以帮助你与自己建立起一种真正的关系。这样你就可以享受更健康、更满足、更协调的生活。冥想会帮助你在紧张时刻后恢复平衡，来更好地应对生活中的挑战。这种练习帮助我们促进身体的更新，使头脑更加清晰。即使在最黑暗和最混乱的时刻，这种练习也可以像一盏灯一样照亮你自己的人生，照亮你自己的存在。

引导冥想：每天 45 分钟

第六章

八周训练课程

参加八周减压课程培训的学员，会逐渐熟悉上面提到的冥想和瑜伽的练习技巧。通过瑜伽和冥想的练习，他们可以逐渐培养出正念，而培养出的正念，可以让他们在生活中渐渐地做出一些改变，这些改变对减压有着明显的作用。为了让本书的读者可以得到等效于课程培训结果的练习，我按照八周课程的模式制订了这个循序渐进的练习计划，根据我在这方面的经验，按照这个计划执行，可以取得最好的练习效果。

你可以遵照本书提供的指导来进行练习。如果喜欢的话，你也可以把这些指导的内容记录下来，这样在需要时就可以用来回忆了。

练习计划需要有坚定的态度去执行，在计划规定的八周内，要每天主动进行练习。所以，要做到这一点，你必须找到合适的时间和地点，让你能够有精力安静下来练习。理想情况是每天练习45分钟。一般来讲，每天最好是固定在同一时间段练习，早上或晚上都可以。任何练习都是一样的，练习产生的效果需要一段时间才能看到，而在效果到来之前，你必须要有信心，并耐心而持续地进行练习。

这些练习不是为了获得某一种具体的放松状态，不是为了享受、感觉变好或是进行锻炼——尽管结果表现出来的往往如此，但对这一点进行澄清是很重要的。在没有任何特定目标的情况下进行实践，才能得到最好的结果，你需要做的除了尽可能地遵循指导，还有专注于当下每时每刻发生的事情，不做判断，在过程中保持开放性和对它的兴趣。所以，将练习视为日常安排之外的个人修习，一段与自己相处、培养正念并更好地了解自己的时间，这会让你受益无穷。初期可能很难做到这样，但根据以往经验，这种生活方式的改变对个人在身体、情绪和心理上的转变，都非常有益。

其中，瑜伽应该得到特别对待，因为练习瑜伽必须在谨慎和安全的情况下进行，既不能强迫自己，也不能做一些自己做起来会觉得不舒服的体式。瑜伽练习可以采用一些相对较为温和的体式，但这并不意味着不需要做任何努力；而且这个过程也必须是循序渐进的，要让身体慢慢适应，避免突然的动作。

综上所述，在这里提出以下培训计划。

周	练习内容
第一周	45 分钟：身体探索
第二周	45 分钟：身体探索 10 分钟：专注呼吸，在当天其他时间段进行
第三、第四周	隔天练习身体探索，本周其他几天每天在地板上进行 45 分钟的瑜伽等锻炼；如果不愿意练习这项，可以练习其他项目 15 分钟：专注呼吸，在练习瑜伽之后，或是当天其他时间段进行
第五周	隔天练习引导冥想 45 分钟，本周其他几天每天进行 45 分钟的瑜伽等锻炼 不练习引导冥想的几天，至少练习 15 分钟的专注呼吸，可以在任何时间段进行
第六周	45 分钟：引导冥想，每天 15 分钟：行走冥想，与引导冥想结合练习，或在当天其他时间段进行

第七周	隔天练习 45 分钟的引导冥想，本周其他几天可以练习自己喜欢的锻炼项目。 15 分钟：行走冥想，与引导冥想结合练习，或在当天其他时间段进行
第八周	选择自己觉得最合适的或按照自己喜欢的进行组合练习，但要每天持续练习至少 45 分钟

从第八周起，你会经常发现一些练习带给你的收获。这些收获会随着你将正念运用到日常生活当中并坚持习惯性地的练习而得到进一步的巩固并增加。

第七章

其他自我成长和自我学习的资源

冥想

我们所采用的冥想技巧来自佛教中的内观和禅修学院。强烈建议与瑜伽或冥想团体一起练习，因为这会非常有利于自律。

关于正念减压疗法和冥想中心的信息：

http://www.andresmartin.org，作者博客，这里可以查询到本书以外的内容，以及更多关于正念减压疗法的信息。

http://www.umassmed.edu/cfm/index.aspx，美国一个关于正念减压疗法项目信息的网址。

http://www.rebapinternacional.com/index.html，一个有关正念减压疗法的西班牙语信息网址。

http://www.neru.dhamma.org，西班牙内观禅修中心网站。

阅读

阅读可以极大地激励和鼓舞人心，但它并不能取代冥想练习，而且冥想练习更为重要。所以，下面这些阅读资料只可以作为辅助或补充手段，不能作为替代方案。也许在冥想之前读几页书，会对你的冥想有所帮助。这些文字可以与你的内心产生共鸣，你不用反思和推敲，而是让这些文字自然地找到它们的位置。或者是冥想过后，在思维可以保持冥想时刻的清明时阅读，其仍对你有所帮助。下面是一些可能会对你有所助益的书：

Bucay, Jorge, *De la autoestima al egoísmo*, RBA Libros, Barcelona, 2005.

Castanyer, Olga, *La asertividad: expresión de una sana autoestima*, Descleé de Brouwer, Bilbao, 2004.

Dalai Lama, *Transforma tu mente*, Martínez Roca, Barcelona, 2001. (O cualquier otro libro de los muchos de este autor.)

Goleman, Daniel, *La inteligencia emocional*, Kairós, Barcelona, 1996.

Greenberg, Leslie, *Emociones. Una guía interna*, Descleé de Brouwer, Bilbao, 2000.

Kabat-Zinn, Jon, *Vivir con plenitud las crisis*, Kairós, Barcelona, 2003.

—, *La práctica de la atención plena*, Kairós, Barcelona, 2007.

Marina, José A., *El laberinto emocional*, Anagrama, Barcelona, 1996.

—, *Anatomía del miedo*, Anagrama, Barcelona, 2006.

Mountain Dreamer, Oriah, *La invitación*, Urano, Barcelona, 2000.

Rovira, Àlex, *La brújula interior*, Urano, Barcelona, 2003.

Thich Nhat Hanh, *Sintiendo paz*, Oniro, Barcelona, 2002. (O cualquier otro libro de este autor.)

Tolle, Eckhart, *Practicando el poder del ahora*, Gaia Debolsillo, Barcelona, 2006.

第八章

《先锋报》作者访谈

2008 年 06 月 05 日

我今年 44 岁，出生于圣塞巴斯蒂安，现居马略卡岛的帕尔马。我和我的爱人一起生活，还有两个在读大学的孩子。我从生物学专业本科毕业，现致力于减压和领导力领域。我的政治观点？我们需要生活在一个更和谐的地球上。我师从佛教。

压力是由内而外产生的，不是由外而内

您赋闲很长一段时间是吗？

是的，我曾经是一家挪威跨国公司的高管。因为公司内部的权力斗争，我让自己休息了一年，用这一年来思考我的人生中除了工作之外的事情。

您是在哪里完成有关正念减压的培训的？

在马萨诸塞大学医学中心的减压诊所，创始人乔·卡巴金博士对我进行了培训。美国有 240 个机构开展与正念减压有关的课程的培训。

五分之一的欧洲劳动者饱受压力的困扰，对此您有什么建议？

培养内在平衡，也就是在行动之前停下来观察的能力，并且要主动应对，而不是被动反应。我们通过瑜伽来恢复身体平衡，通过冥想来平衡意识。必须学会不以自我为中心。

什么是不以自我为中心？

用更多的好奇心和更少的偏见去观察一个人的念头和情绪，理解念头和情绪相互交织直至让我们失去内在平衡的这一过程。

嗯，一个生物学家研究这类课题，总是让人感到好奇，所以是什么原因让您……

我被这项技巧所吸引，它取得的结果也非常令人瞩目。抑郁、焦虑、敌意和躯体化这些问题减少了35%。并且在降低反刍周期的同时，消极情感也有所减少。

反刍，像反刍动物一样思考？

是的，反复咀嚼过去让人痛苦的事情，会让自我价值和效率都变低。在两个半小时的实验中，皮质醇（也就是激发应激的激素）的水平降低了40%。

基本准则有哪些？

培养正念，也就是觉察到正发生在我们身上的事情但不判断这件事是好是坏的能力，这可以有效地控制我们的思维过程与我们生活的现实之间的联结程度。很多时候，我们由于不喜欢现实，就在心理上和现实抗争，而这种抗争会让我们与现实中发生的事情脱节。

要活在当下对吗？

是的，并学会宽容自己。

反复犯错是非常让人讨厌的，有时候甚至会让你对自己感到厌倦。

无意识的程度越高，就越会反复犯错。压力作用下，反应会变得剧烈，容易产生冲动的情绪。当你可以做到在刺激和反应之间做出一个停顿时，冲动就会减少。要做到这一点，最基本的是要意识到你在哪一刻开始激动。

比如从一数到十？

有更准确的自我认知，也就是我是个怎样的人，什么事情会刺激到我，除了爆发之外我可以做什么。很多时候，我们做出的判断会让我们以防卫或攻击的姿态做出反应，从人际关系角度来看，这并不是很有效的。但是我们可以从另一个角度来看。

那就让我们换个角度来看一下正念。

从判断的角度，我尽管并不喜欢判断，但不得不承认它很有趣，因为判断既传递给我有关我自己的信息，又传递给我判断本身的信息。如果我苦苦压抑一种情绪，反而会变得更紧张，而如果我无视这种情绪，它就会一直制约我的行为。所以我必须要开发培养觉知，去觉察我的情绪是什么，在我所处的外部环境、实际情形和我的目标中如何更好地表达出这种情绪。

为什么瑜伽比拳击好？

瑜伽是对身体和呼吸的觉察。通常情况下，与瑜伽不同，在进行慢跑或做其他运动时，身和心之间的联结是断开的：你的身体在跑步，但你的心里一直在想着你的问题。而瑜伽会激活交感神经系统和副交感神经系统，让这两个神经系统一个处于紧张状态，一个处于放松状态。但在健身房里，这两个神经系统都处于紧张状态。

还有其他建议吗？

我们还必须要注意饮食。压力会带来一些不是很健康的饮食模式：莫名其妙地想吃东西，吃的速度很快，而且喜欢吃刺激性食物，而这种行为又会加重压力。沟通中也存在同样的情况：有压力的时候，沟通就会从侵略性变成被动性，而这两种沟通方式都会导致更大的压力。

《先锋报》作者访谈

所以要二者兼顾是吗？

要培养自信这种品质，你自己要清楚：我说的是什么，是怎么说出来的，会对他人和我自己造成什么样的影响，以及如何培养一种更有意识、更全面、更深刻的沟通。还有另一个基本要素。

是充足的睡眠吗？

是对时间的管理，也就是说：我的时间和精力都用在了哪些事情上。留一点时间给自己和自己的梦想与计划是很重要的。我们必须能够意识到对我们幸福负责的是我们自己，并明白压力是产生自内部而不是外部。

这才是我们寻找的生命的真正方向？

是的，所以最能承受压力的人通常都会表现出三个特点：强烈的责任感，控制自己的生活但并不想控制一切，有能力面对挑战。

……其实也就是明白人生本无常这个道理?

是的,有健康就有疾病,有爱就有不爱。从好的当中去享受,从坏的当中去学习。我们都认为外在现实是一回事,我们的内在现实是另一回事,但它们其实是不可分割的:改变外在现实的唯一途径是转变内在现实。

由记者伊玛·桑奇斯完成访谈